化工领域专利
申请文件撰写与电子申请

李官跃 孙拥军 熊远钦 编著

化学工业出版社

·北京·

内容简介

本书从中国的专利体系及法规、申请渠道和流程、申请文件撰写案例及技巧、专利申请文件提交、申请文件的补正及审查意见的回复共5个方面，对化学化工领域专利文件的撰写及网上自主申请事项进行了讲解。

本书以编著者的实践经验和教训，紧扣"自主申请"和"回复审查意见的陈述"两大主旨要素，以区别于专利审查员和代理人的培训类图书，给自主申请专利人员提供了新颖的参考和借鉴。案例真实贴切，介绍通俗易懂，适宜广大化工企业的科技管理者以及科技开发工作者阅读，也可作为化学化工类相关专业学生知识技能拓展课程教材。

图书在版编目（CIP）数据

化工领域专利申请文件撰写与电子申请 / 李官跃，孙拥军，熊远钦编著. —北京：化学工业出版社，2023.9

ISBN 978-7-122-43683-2

Ⅰ.①化… Ⅱ.①李… ②孙… ③熊… Ⅲ.①化学工程-专利申请-写作-中国 ②化学工程-专利申请-中国 Ⅳ.①G306.3

中国国家版本馆CIP数据核字(2023)第111404号

责任编辑：韩霄翠　仇志刚　　　　　装帧设计：张　辉
责任校对：李　爽

出版发行：化学工业出版社（北京市东城区青年湖南街13号　邮政编码100011）
印　　装：大厂聚鑫印刷有限责任公司
710mm×1000mm　1/16　印张12　字数172千字　2023年10月北京第1版第1次印刷

购书咨询：010-64518888　　　　　　　售后服务：010-64518899
网　　址：http://www.cip.com.cn
凡购买本书，如有缺损质量问题，本社销售中心负责调换。

定　价：68.00元　　　　　　　　　　　　　　　　版权所有　违者必究

前言

在全民创新的大浪潮下，我国各行各业的企业都在以提供差异化功能产品的方式赢得用户和消费者，在国家层面，更是鼓励企业通过技术创新、产品快速升级换代牢牢把握市场，获取相对更高的利润和效益。我国从20世纪90年代初就开始高新技术企业的认定工作，国务院于1991年发布了《国家高新技术产业开发区高新技术企业认定条件和办法》（国发〔1991〕12号），后续根据新的形势要求，多次做了修订，最新的修订文件为2016年6月22日由科技部、财政部、国家税务总局联合颁发的《高新技术企业认定管理工作指引》（国科发火〔2016〕195号）。由此，国内各行各业的实体企业都热诚响应政府号召，积极加入申请和认定"高新技术企业"的队列中。

《高新技术企业认定管理办法》中第十一条规定，高新技术企业的认定须同时满足8个条件，其中，（二）企业通过自主研发、受让、受赠、并购等方式，获得对其主要产品（服务）在技术上发挥核心支持作用的知识产权的所有权。对高新技术企业认定管理办法中知识产权的细致解读参见《高新技术企业认定管理工作指引》（以下称《工作指引》）。《工作指引》提出："①高新技术企业认定所指的知识产权须在中国境内授权或审批审定，并在中国法律的有效保护期内。知识产权权属人应为申请企业。②不具备知识产权的企业不能认定为高新技术企业。③高新技术企业认定中,对企业知识产权情况采用分类评价方式,其中,发明专利(含国防专利)、植物新品种、国家级农作物品种、国家新药、国家一级中药保护品种、集成电路布图设计专有权等按Ⅰ类评价;实用新型专利、外观设计专利、软件著作权等(不含商标)按Ⅱ类评价。④按Ⅱ类评价的知识产权在申请高新技术企业时,仅限使用一次。⑤在申请高新技术企业及高新技术企业资格存续期内,知识产权有多个权属人时,只能由一个权属人在申请时使用。⑥申请认定时专利的有效性以企业申请认定前获得授权证书或授权通知书并能提供缴费收据为准。⑦发明、实用新型、外观设计、集成电路布图设计专有权可在国家知识产权局网站查询专利标记和专利号;国防专利须提供国家知识产权局授予的国防专利证书;植物新品种可在农业部植物新品种保护办公室网站和国家林业局植物新品种保护办公室网站查询;国家级农作物品种是指农业部国家农作物品种审定委员会审定公告的农作物品种;国家新药须提供国家食品药品监督管理局签发的新药证书;国家一级中药保护品种须提供国家食品药品监督管理局签发的中药保护品种证书;软件著作权可在国家版权局中国版权保护中心网站查询软件著作权标记（亦称版权标记）。"

由此可以看出，企业申请并取得知识产权授权对于申报、认定和维持高新技术企业称号是十分重要的。正是在这种背景下，促使本书编著者产生了将以往在自主申请中国专利过程中积累的经验和教训，以书作的形式提供给广大企业的科技管理者以及科技开发工作者做参考的想法，为化学化工领域的实体企业成功自主申请中国专利、提高技术声誉贡献绵薄之力。

本书从中国专利体系及法规、申请渠道和流程、专利申请文件的撰写案例及技巧、专利申请文件的DIY提交、申请文件的补正及审查意见的回复5个方面开展讨论。编著者分工承担的工作内容如下：孙拥军编写第1章和附录，李官跃编写第2章和第4章，熊远钦编写第3章和第5章。全书由熊远钦策划和统稿，三位作者相互间审稿和修改补充。由于立题和编著工作较仓促，从2022年8月申报编著出版意向，到2022年底拿出初稿，成稿时间（不计收集编写素材的时间）较短，特别是编著者的阐述角度可能有失偏颇，受既往工作历练所限导致视野和格局浅显，文中难免留存有不少的疏漏和瑕疵，敬请各位读者不吝批评指正（联系方式：xyuanqin@sina.com），我们一定虚心接受，在后续修订时给予改正。在此先向阅读和赐教者表示深深的感谢！

在编写过程中，得到了湖南邮电职业技术学院洪金明副教授、湖南大学化学化工学院刘震博士、湖南省湘西自治州科学技术局刘一民高工等人的帮助，特别是得到了化学工业出版社编辑的悉心指导，在此一并致以最诚挚的谢意！

编著者

2023年5月

目录

第 1 章　中国专利体系及法规简介

1.1　中国专利体系 / 2
1.1.1　国家层级的管理机构和职责 / 2
1.1.2　中国专利法律法规体系的建立 / 4

1.2　专利权的性质、特点、主体及取得条件 / 8
1.2.1　专利权的性质和特点 / 9
1.2.2　专利权的主体 / 11
1.2.3　专利权的取得条件 / 14

1.3　申请专利的益处和一般注意事项 / 15
1.3.1　申请专利的益处 / 15
1.3.2　申请专利的一般注意事项 / 15

1.4　专利实施的特别许可 / 18
1.4.1　专利的开放许可及实施许可中的相关术语 / 18
1.4.2　专利的开放许可及实施许可中的注意要点 / 19
1.4.3　专利的开放许可及实施许可的合同条款 / 19

第 2 章　中国专利的申请渠道和流程

2.1　国家专利局及其代办处渠道 / 22
2.1.1　国家专利局 / 22

2.1.2　国家专利局各地方代办处 / 23
2.1.3　中国专利申请的基本流程 / 24
2.1.4　中国专利的审批 / 24
2.1.5　专利权的维持、终止及无效 / 28

2.2　**商业化的专利代理渠道** / 29
2.2.1　与专利代理机构商的洽商 / 30
2.2.2　专利申请技术内涵的交流（技术交底书）/ 31
2.2.3　专利申请文件的撰写和准备 / 31
2.2.4　客户确认后提交 / 32

2.3　**企业法人或自然人的电子DIY申请** / 33
2.3.1　关于专利电子申请的规定 / 33
2.3.2　专利电子DIY申请新用户的注册 / 35
2.3.3　历史用户的信息补录 / 48
2.3.4　电子申请文件的编辑 / 49
2.3.5　提交申请文件并接收回执 / 53
2.3.6　提交证明文件 / 54
2.3.7　专利申请费用的交缴及减免 / 55

2.4　**DIY电子申请文件上传的注意事项** / 56

第3章 化工领域专利申请文件的撰写案例及技巧

3.1 国家专利局规定的申请文件简介 / 58
3.2 专利申请文件的撰写案例简析 / 59
3.2.1 发明专利申请文件的撰写案例 / 60
3.2.2 实用新型专利的撰写案例 / 68
3.2.3 外观设计专利的撰写案例 / 73
3.3 专利申请文件的撰写技巧 / 75
3.3.1 在线填写发明请求书的技巧 / 75
3.3.2 发明专利申请文件的撰写技巧 / 76
3.3.3 实用新型专利的撰写技巧 / 94
3.3.4 外观设计专利的撰写技巧 / 94
3.4 撰写专利申请文件的注意事项 / 95
3.4.1 撰写发明专利申请文件的注意事项 / 95
3.4.2 撰写实用新型专利申请文件的注意事项 / 97
3.4.3 撰写外观设计专利申请文件的注意事项 / 99

第4章 专利申请文件的DIY提交

4.1 发明专利申请文件的DIY提交 / 102
4.1.1 发明专利申请文件的在线编写 / 102

4.1.2　发明专利申请文件Word版的编写 / 105

4.1.3　化工领域专利申请文件的DIY提交 / 106

4.2　实用新型和外观设计专利申请文件的DIY提交 / 108

4.2.1　实用新型专利申请文件的DIY提交 / 108

4.2.2　外观设计专利申请文件的DIY提交 / 117

4.3　专利申请文件DIY提交后的主动补正 / 126

4.3.1　专利申请文件补正书的编写 / 129

4.3.2　编写专利申请文件补正书的注意事项 / 130

第 5 章　申请文件的补正及审查意见的回复

5.1　申请文件的补正 / 132

5.1.1　发明专利申请文件的补正 / 132

5.1.2　实用新型和外观设计专利申请文件的补正 / 133

5.2　对一审意见的答复 / 134

5.2.1　实质性审查引用的主要法律条款 / 134

5.2.2　一审意见的通常要点 / 136

5.2.3　对"新颖性"质疑的陈述 / 143

5.2.4　对"创造性"质疑的陈述 / 144

5.2.5　对"公开充分"质疑的陈述 / 146

5.2.6 对"显而易见""常规技术手段"质疑的陈述 / 147

5.3 对发明专利驳回意见的申请复审 / 149

5.3.1 发明专利被多次实审驳回后的复审申请 / 149

5.3.2 发明专利申请复审后的准备事项 / 150

5.4 历经初审复审全流程的发明专利申请过程解析 / 151

5.4.1 发明专利申请全流程的交流文档节选 / 151

5.4.2 复审过程简析 / 171

● 附录

● 参考文献

第1章
中国专利体系及法规简介

1.1 中国专利体系

专利，来源于拉丁语 litterae patentes，意思是指专有的权利和利益。

专利证书一般是由政府机关或者代表若干国家的区域性组织，根据其专利申请条件进行审查，通过后颁发的一种文件。这种文件记载了发明创造的内容，并且在一定时期内赋予这样一种法律状态，即获得专利的发明创造在一般情况下他人只有经专利权人许可才能予以实施（包括制造、使用、销售和进口等），专利保护有时间和地域的限制。

专利权是指一项发明创造向国家或地区审批机关提出专利申请，经依法审查合格后向专利申请人授予的在规定时间内对该项发明创造享有的专有权。专利权仅在该国家或地区的法律管辖范围内有效，对其他国家没有约束力。专利权属于知识产权的一种，我国对知识产权的界定范围包括著作（论文、书著及书画作品等公开出版物，计算机程序及软件包）、商标、专利、原产地地理标志、集成电路布图设计等。因此专利权也具有知识产权的特征，即时间性、地域性、无体性、专有性。

1.1.1 国家层级的管理机构和职责

国家知识产权局是由国家市场监督管理总局管理的国家局，行政级别为副部级。负责保护知识产权工作，推动知识产权保护体系建设，负责商标、专利、原产地地理标志的注册登记和行政裁决，指导商标、专利的执法工作等。国家知识产权局贯彻落实党中央关于知识产权工作的方针政策和决策部署，在履行职责的过程中坚持和加强党对知识产权工作的集中统一领导。其主要职责有：

① 负责拟订和组织实施国家知识产权战略；拟订加强知识产权强国建设的重大方针政策和发展规划；拟订和实施强化知识产权创造、保护和运用的管理政策和制度。

② 负责保护知识产权，拟订严格保护商标、专利、原产地地理标志、集成电路布图设计等知识产权的制度并组织实施；组织起草相关法律法规的草案；拟订部门规章并监督实施；研究鼓励新领域、新业态、新模式创新的知识产权保护、管理和服务政策；研究提出知识产权保护体系的建设方案并组织实施，推动建设知识产权的保护体系；负责指导商标、专利的执法工作；指导地方知识产权的争议处理、维权援助和纠纷调处。

③ 负责促进知识产权的运用，拟订知识产权运用和规范交易的政策，促进知识产权的转移转化；规范知识产权无形资产的评估工作；负责专利强制许可的相关工作；制定知识产权中介服务发展与监管的政策措施。

④ 负责知识产权的审查注册登记和行政裁决；实施商标注册、专利审查、集成电路布图设计的登记；负责商标、专利、集成电路布图设计的复审和无效等行政裁决；拟订原产地地理标志统一的认定制度并组织实施。

⑤ 负责建立知识产权公共服务体系；建设便企利民、互联互通的全国知识产权信息公共服务平台；推动商标、专利等知识产权信息的传播利用。

⑥ 负责统筹协调涉外知识产权事宜；拟订知识产权涉外工作的政策，按分工开展对外知识产权的谈判；开展知识产权工作的国际联络、合作与交流活动。

⑦ 完成党中央、国务院交办的其他任务。

⑧ 职能转变。

a.进一步整合资源、优化流程；有效利用信息化手段，缩短知识产权注册登记的时间，提升服务便利化水平，提高审查质量和效率。

b.进一步放宽知识产权服务业的准入，扩大专利代理领域的开放，放宽对专利代理机构股东或合伙人的条件限制。

c.加快建设知识产权信息公共服务平台；汇集全球知识产权信息，按产业领域加强专利导航，为创业创新提供便捷的查询、咨询等服务；实现信息免费或低成本开放，提高全社会知识产权的保护和风险防范意识。

d.加强对商标抢注、非正常专利申请等行为的信用监管;规范商标注册和专利申请行为,维护权利人合法权益。

⑨ 有关职责分工。

a.与国家市场监督管理总局的职责分工。国家知识产权局负责对商标专利执法工作的业务指导;制定并指导实施商标权、专利权确权和侵权的判断标准;制定商标专利的执法检验、鉴定和其他相关标准;建立机制,做好政策标准衔接和信息通报等工作。国家市场监督管理总局负责组织指导商标专利的执法工作。

b.与商务部的职责分工。国家知识产权局负责统筹协调涉外知识产权事宜;商务部负责与经贸相关的多双边知识产权的对外谈判、双边知识产权合作的磋商机制及国内立场的协调等工作。

c.与国家版权局的职责分工。有关著作权的管理工作按照党中央、国务院关于版权管理的职能规定分工执行。国家知识产权局的组织架构如下页图。

1.1.2 中国专利法律法规体系的建立

(1) 专利法律法规体系是我国专利制度的基础和制度保障

为了适应改革开放和经济发展的需要,1980年,经国务院批准,成立了国家专利局。同年3月,我国参加了联合国知识产权组织。我国于1984年首次颁布《中华人民共和国专利法》(以下简称《专利法》),1985年公布与之相应的《中华人民共和国专利法实施细则》(以下简称《专利法实施细则》),这两部法规均于1985年4月1日起开始施行。

后续,1992年,国务院通过了《中华人民共和国专利法修正案》,对《专利法》进行了第一次修改。相应地,1992年12月12日,国务院对《专利法实施细则》也进行了第一次修改配套。

为了与世界贸易组织中与贸易有关的知识产权协议(TRIPS)的规定协调一致,适应我国社会主义市场经济的发展及国有企业的改革,2000年国家对《专利法》进行了第二次修改。相应地,2001年6月15日,国务院对《专利法实施细则》也进行了第二次修改。

| 第1章 中国专利体系及法规简介 |

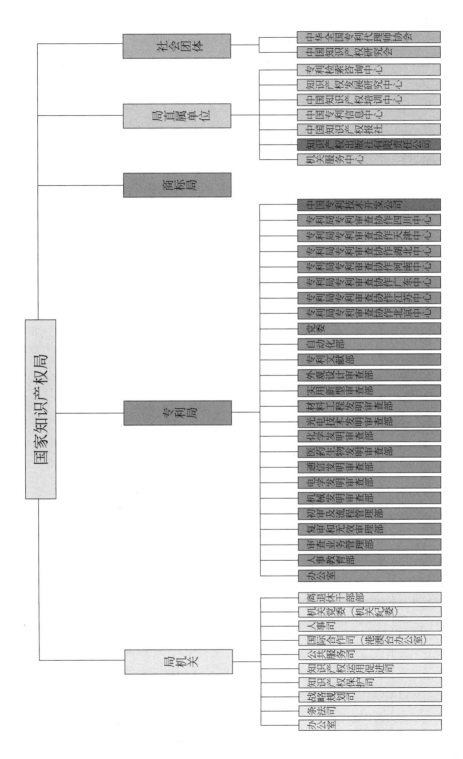

2008年，为了适应我国经济结构调整和发展模式转变，国家对《专利法》进行了第三次修改。相应地，2009年12月30日，国务院对《专利法实施细则》进行了第三次修改。

2020年10月17日第十三届全国人民代表大会常务委员会第二十二次会议通过《关于修改〈中华人民共和国专利法〉的决定》（此次为第四次修正）。第四次的修正法规和实施细则自2021年6月1日起实施。

因此，《专利法》和《专利法实施细则》的条款内容，一直都在与时俱进，不断地完善和提高。

（2）我国的专利法律法规体系

我国的专利法律法规体系，是以《中华人民共和国宪法》和《中华人民共和国民法典》为基础，以《中华人民共和国专利法》为核心，由与之相配套的专利法规、部门规章、规范性文件相关规定和与之相关的国际法等其他法律法规组成的。

① 专利法律法规、部门规章及相关规定。包括：《专利法》《专利法实施细则》《国防专利条例》《专利代理条例》《专利审查指南》《专利强制许可办法》《专利行政执法办法》《国家知识产权局行政复议规程》《专利代理管理办法》和最高人民法院针对专利权保护问题的司法解释等。

《专利法》构建了专利制度的最基本规范，涉及立法宗旨、国民待遇、专利的种类、国家安全、权利归属、权利范围、权利行使方式、权利的限制、专利代理、专利行政管理、授予专利权的条件、专利申请文件，专利申请的审查和批准，专利权的期限、终止和无效，专利的实施、强制许可，专利权的保护（司法救济和行政保护并行不悖）、司法监督程序等。《专利法实施细则》对《专利法》的主要内容作出进一步可操作性规定或相关概念的解释说明，是执行层面的具体规定。《国防专利条例》针对国防专利的特殊性，对其申请、审查和授权、实施、国防专利管理和保护作出了专门规定。

② 与专利相关的法律法规。包括：《中华人民共和国对外贸易法》《中华人民共和国刑法》《中华人民共和国公司法》《中华人民共和国广告法》《中华人民共和国科学技术进步法》《中华人民共和国促进科技成果转化法》

《中华人民共和国民事诉讼法》《中华人民共和国刑事诉讼法》《中华人民共和国行政诉讼法》《中华人民共和国行政复议法》《中华人民共和国行政处罚法》《中华人民共和国技术进出口管理条例》《中华人民共和国知识产权海关保护条例》和最高人民法院相应的司法解释等。《中华人民共和国宪法》从国家职能和公民权利两方面为制定《专利法》提供了立法依据。《中华人民共和国民法典》作为调整民事法律关系的基本法律，原则性地规定了保护专利权等知识产权，规定了必须是依据法律规定符合法定条件取得的专利权，才能受法律保护，就此指向了专门规定专利权的取得和保护等内容的专利法律法规。《中华人民共和国民法典》对调整平等主体的公民之间、法人之间、公民和法人之间财产关系的基本原则也适用于专利领域。上述法律、法规、规章和司法解释主要在专利权保护中的行政和司法措施，专利权实施中的技术成果转化、专利权质押入股，专利标记标注规范，专利权维权和救济程序等方面与专利法律法规相互衔接配套，构成完整的专利法律法规体系。司法救济除适用一般民事诉讼程序法之外，最高人民法院对审判实践中如何适用专利法律法规的几个重要问题作出了相应的司法解释。《最高人民法院关于审理专利纠纷案件适用法律问题的若干规定》规定了法院专利纠纷的受案范围、诉讼管辖、诉讼中止、诉讼保全、解决权利冲突原则、损害赔偿和诉讼时效等。

③ 与专利有关的国际公约。根据我国在知识产权领域适用国际公约的法律原则，对国际公约的规定，是通过对国内法作出适应性修改履行我国的国际义务。因此与专利有关的国际条约也是我国专利法律法规体系的重要组成部分。主要包括：《建立世界知识产权组织公约》《保护工业产权巴黎公约》《专利合作条约》《国际承认用于专利程序的微生物保藏布达佩斯条约》《国际专利分类斯特拉斯堡协定》《建立外观设计国际分类洛迦诺协定》《与贸易（包括假冒商品贸易在内）有关的知识产权协议》《专利法条约》《实体专利法条约》。

至此，我国已逐步建立起具有中国特色的专利法律法规体系，形成了以《中华人民共和国宪法》和《中华人民共和国民法典》为基础，以《专利法》为核心，包括《专利法实施细则》《专利代理条例》等行政法规、地方性法规，有关司法解释和国家知识产权局规章以及相关国际法组成的体系完整的专利法律法规体系。

1.2 专利权的性质、特点、主体及取得条件

我国的专利权归属于知识产权的范畴。纳入知识产权保护范围的知识成果包括著作（论文、书著及书画作品等公开出版物，计算机程序及软件包）、商标、专利、原产地地理标志、集成电路布图设计等。《专利法》所称的发明创造是指发明、实用新型和外观设计。

发明，是指对产品、方法或者其改进所提出的新的技术方案。内容限定为产品、方法（如软件工艺等），其中产品是指工业上能够制造的各种新制品，包括有一定形状和结构的固体、液体、气体之类的物品。方法是指对原料进行加工，制成各种产品的方法。发明专利并不要求它是经过实践证明可以直接应用于工业生产的技术成果，但不能将其与单纯地提出的课题、设想相混同，因单纯的课题、设想或许不具备工业上应用的可能性。保护时间为20年（从提交申请文件、专利局受理日起计算）。

实用新型，是指对产品的形状、构造或者其结合所提出的适用于实用的新技术方案。内容限定为产品形状、构造。实用新型专利保护的范围较窄，它只保护有一定形状或结构的新产品，不保护方法以及没有固定形状的物质。实用新型的技术方案更注重实用性，其技术水平相对于发明而言要低一些，多数国家实用新型专利保护的都是比较简单的、改进性的技术发明。保护时间为10年（从提交申请文件、专利局受理日起计算）。

外观设计，是指对产品（包装物的）形状、图案或者其结合以及色彩与形状、图案的结合所作出的富有美感并适于工业应用的新设计。内容限定为产品形状、图案及其与色彩的结合。外观设计与发明、实用新型有明显区别，注重的是设计人对一项产品的外观所作出的富于艺术性、具有美感的创造。由于此种差异，很多国家单独立法保护外观设计。保护时间为15年（从提交申请文件、专利局受理日起计算）。

在我国，授予专利权的发明和实用新型，应当具备新颖性、创造性和实用性。授予外观设计专利的主要条件是新颖性。

新颖性，是指该发明或者实用新型不属于现有技术，也没有任何单位或者个人就同样的发明或者实用新型在申请日之前向专利主管部门提出过申请，并记载在申请日以后公布的或者公告的专利申请文件中。

创造性，是指与现有技术相比较，该发明在技术上具有突出的实质性特点和显著的进步，该实用新型具有实质性特点和进步。

实用性，是指该发明或者实用新型能够被复制生产和使用，而且能够产生积极效果。其中能够生产或者使用，是指发明创造可以在工农业及其他行业生产中大量复制，进而应用到工农业生产和人民生活中。

1.2.1 专利权的性质和特点

专利权是发明创造人或其权利受让人对特定的发明创造在一定期限内依法享有的独占实施权，属于知识产权的一部分，是一种无形财产，具有与其他财产不同的性质和特点。

（1）排他性

也称独占性或专有性，它是指同一发明在一定的区域范围内，专利权人对其拥有的专利权享有独占或排他的权利。其他任何人未经许可或者出现法律规定的特殊情况，都不能对其进行制造、使用和销售等，否则属于侵权行为。这是专利权（也是知识产权）最重要的法律特点之一。

（2）区域性

指任何一项专利权，只有依据一定地域内的法律才得以产生并在该地域内受到法律保护。这也是区别于有形财产的另一个重要法律特征。根据这一特征，依某国法律取得的专利权只在该国领域内受到法律保护，而在其他国家则不受该国家的法律保护，除非两国之间有双边的专利（知识产权）保护协定，或共同参加了有关保护专利（知识产权）的国际公约。除了在某些情况下，依据保护知识产权的国际公约，以及个别国家承认另一国批准的专利权有效以外，技术发明在哪个国家申请专利，就由哪个国家授予专利权，而且只在专利授予国的范围内有效，而对其他国家则不具有法律的约束力，其他国家不承担任何保护义务。但是，同一发明可以同时在两个或两个以上的国家申请专利，获得批准后其发明便可以在所有申请国获得法律保护。

（3）时间性

时间性是指法律对专利权所有人的保护时间不是无期限的，而是有所限制，超过这一时间限制则不再予以保护，专利权随即成为人类共同财富，任何人都可以利用。专利权只有在法律规定的期限内才有效，其有效保护期限结束以后，专利权人所享有的专利权便自动丧失，一般不能续保。该技术发明随着保护期限的结束而成为社会公有的财富，其他人便可以自由地使用该发明来创造产品。

专利受法律保护期限的长短，由授予其专利权的国家的专利法或有关国际公约规定。目前世界各国的专利法对专利的保护期限规定不一。《知识产权协定》第三十三条规定"专利保护的有效期应不少于自提交申请之日起的第二十年年终"。

（4）实施性

除美国等少数几个国家外，绝大多数国家都要求专利权人必须在一定期限内，允许在给予保护的国家内实施其专利权，即利用专利技术制造产品或转让其专利。

所以，专利实际上就是个人或企业与国家签订的一个特殊的合同，个人或企业的代价是公开技术，国家的代价是允许一定时间的垄断经营权利。

一种产品只要获得了专利权，就等于在市场上具有了独占权。未经许可，任何人都不得生产、销售、许诺销售该专利产品。专利可转让，可授权他人使用，是重要的无形资产，拥有者可以轻松从中获取收益，无任何风险。专利是企业融资、股份出让、抵押贷款的优质凭证，也是高新企业认证的必要条件，是公司软实力的体现，企业拥有专利会得到更多的政策扶持，享受政策补贴。

个人取得了专利权，对其职业发展有重要保证，是学生求学的加分条件，是职工晋升评职称的重要砝码。实施技术专利权保护，有助于有效分配社会资源，避免对同种技术进行重复研究开发，有利于促进科学技术的不断发展。

1.2.2 专利权的主体

专利权的主体即专利权人，是指依法享有专利权并承担相应义务的人或法人单位。专利权主体还包括以下概念：

（1）发明人或设计人

发明人或设计人，是指对发明创造的实质性特点作出了创造性贡献的自然人。在完成发明创造过程中，只负责组织工作的人，为物质技术条件的利用提供方便的人，或者从事其他辅助性工作的人（如帮助进行一般性的测试、试验、加工、计算或资料整理）以及进行领导和后勤支持工作的人员，均不是发明人或设计人。其中，发明人是指发明专利的完成人；设计人是指实用新型或外观设计的完成人。

发明人或设计人，只能是自然人，不能是单位机构、集体或课题组。发明创造是智力劳动的结果。发明创造活动是一种事实行为，不受民事行为能力的限制，因此，无论从事发明创造的人是否具备完全民事行为能力，只要他完成了发明创造，就应认定为发明人或设计人。即使是正在服刑人员，只要他没有被剥夺政治权利，都可以申请和享受专利权。

发明人或者设计人包括非职务发明创造的发明人或者设计人和职务发明创造的发明人或者设计人两类。非职务发明创造，是指既不是执行本单位的工作任务，也没有主要利用单位提供的物质技术条件所完成的发明创造。对于非职务发明创造，申请专利的权利属于发明人或者设计人。发明人或者设计人对非职务发明创造申请专利，任何单位或者个人不得压制。对于非职务发明创造进行申请专利时，该发明人或者设计人就是专利权人。

如果一项非职务发明创造是由两个或两个以上的发明人、设计人共同完成的，则完成发明创造的人称为共同发明人或共同设计人。共同发明创造的专利申请权和取得的专利权归全体共有人共同所有（事先有约定的，从其约定）。

（2）发明人或设计人的单位

对于职务发明创造来说，专利权的主体是该发明创造的发明人或者设计人的所在单位。其法律依据为《专利法》第六条，执行本单位的任务或者主要利用本单位的物质技术条件所完成的发明创造为职务发明创造。职务发明创造申请专利的权利属于该单位，申请被批准后，该单位为专利权人。

这里所称的"单位"，包括各种所有制类型和性质的内资企业和在中国境内的中外合资经营企业、中外合作企业和外商独资企业；从劳动关系上讲，既包括固定工作单位，也包括临时工作单位。

（3）职务发明创造的界定

依据《专利法》第六条规定，执行本单位的任务或者主要是利用本单位的物质技术条件所完成的发明创造为职务发明创造。职务发明创造申请专利的权利属于该单位；申请被批准后，该单位为专利权人。

非职务发明创造，申请专利的权利属于发明人或者设计人；申请被批准后，该发明人或者设计人为专利权人。

利用本单位的物质技术条件所完成的发明创造，单位与发明人或者设计人订有合同，对申请专利的权利和专利权的归属作出约定的，从其约定。

认定职务发明创造与非发明创造的法定界限主要有两个方面：a.完成发明创造是否为了执行本单位的任务；b.完成发明创造是否主要是利用了本单位的物质技术条件。

① 发明人或者设计人在本职工作中做出的发明创造。本职工作即发明人或设计人的职务范围，属日常工作职责的范围，既不是指单位的业务范围，也不是指个人所学专业的范围。从事日常工作所完成的发明创造，属于职务发明创造。

② 履行本单位交付的本职工作之外任务所完成的发明创造。这里的"本单位"包括：职工的人事关系隶属单位和临时工作单位（如借调人员从事工作的借调单位、专业人员的受聘单位等）。"本职工作之外的任务"是指

工作人员在本单位任职岗位职责之外的工作任务。单位如果安排特定人员参加本职工作以外的、以特定目的为工作任务时，应当签订协议，明确任务范围，并保存好有关证据，以免发明创造完成后，双方因为该发明是否为职务发明创造而产生纠纷。

③ 退职、退休或调动工作后1年内作出的与其在原单位承担的本职工作或者单位分配的任务有关的发明创造。应当注意，退职、退休、调动工作后作出的发明创造必须同时具备两个条件，才能构成职务发明创造。a.该发明创造必须是发明人或者设计人从原单位退职、退休或调动工作后1年内作出的；b.该发明创造与发明人或者设计人在原单位承担的本职工作或者分配的任务，在技术上有密切联系。

《专利法》也规定，并非凡是利用了本单位的物质技术条件就属于职务发明创造。职务发明创造必须符合下列条件：a.发明创造的完成利用了本单位的"物质技术条件"。所谓物质技术条件，是指单位的资金、设备、零部件、原材料或者不对外公开的技术资料等。利用本单位的网络条件和资源，检索、查阅、利用了已经公开的非本单位发表的科技文献，不应算作利用了本单位的"物质技术条件"。b.发明创造的完成利用了"本单位"的物质技术条件。本单位是指发明人隶属单位、借调单位、聘请单位；如果主体在发明创造完成的过程中所利用的物质技术条件，与本单位无关系，则不认为是职务发明创造。c.发明创造的完成"主要是"利用了本单位的物质技术条件。这里强调的是本单位的物质技术条件在发明创造完成过程中的作用和比重。利用单位的物质技术条件是指在发明创造过程中，全部或者大部分利用了单位的资金、设备、零部件、原材料及不对外公开的技术资料。如果这种利用对发明创造而言是必不可少的、起决定性作用的条件，则发明创造应属于职务发明创造。如果发明人或设计人仅少量利用本单位的物质技术条件，而且这种利用对发明创造的完成的关系不大或者没有起到决定性的作用，则该发明创造不认为是职务发明创造。只有同时符合上述三个条件，才能认为该发明创造的完成"主要是利用本单位的物资条件"，也才能认定为职务发明。

判断是否属于职务发明创造，不取决于发明创造是在单位内还是在单位外作出的，也不取决于是在工作时间还是在本单位工作时间之外的业余时间做出的，只要属于执行单位的任务或者主要是利用了本单位的物质技术条件，即便发明创造是在家里利用业余时间完成的，也属于职务发明创造。因为脑力劳动与体力劳动不同，它可以不受特定场所和上下班时间的限制。

1.2.3 专利权的取得条件

① 取得专利权的首先条件是申请人就其发明创造向国家知识产权局专利局提起专利申请。如果申请人不向国家知识产权局专利局提出申请，无论发明创造如何重要，如何有经济效益都不会被授予专利权。如果发明创造的企业或个人没有进行申请，则其发明创造将不受《专利法》的保护，也就不能取得专利权。

在申请人提起专利申请时，专利申请人需要深刻掌握相关法律对授权的实质性规定以及程序性规定，具备相当的专利申请经验。一般而言，专利申请通过委托专业的专利代理机构办理，可以大大提高授权率，节省专利申请人的时间和花费，有助于专利申请人获取合适的专利权。

② 取得专利权的第二个条件是国家知识产权局专利局在收到申请人的专利申请后，对其申请的发明创造依据相关法律进行审查。若符合相关法律的规定，则授予申请人专利权。即只有经过审查，符合法律规定的专利申请才可以取得专利权，其中最重要的是发明的创造性应具备专利法规定的授予专利权的实质条件。

审查过程中，影响专利权授予的因素也比较多，其中审查员的个人审查水平差异也会影响取得专利权。专利审查实行独立审查与结合审查控制其质量，但不同审查员的审查水平以及主观性相差较大，有可能影响专利权的获取。

影响取得专利权的因素还有，专利申请文件需要符合《专利法》规定的格式要求、内容要求以及履行各种手续。

我国采用的是申请优先原则，即不论谁先完成发明创造，专利权只可能授予最先提出专利申请的人。

1.3 申请专利的益处和一般注意事项

1.3.1 申请专利的益处

我国采用申请优先原则，即不论谁先完成发明创造，专利权授予最先提出专利申请的人。获得专利授权后可以享受以下益处：

① 独占市场。一种产品只要授予专利权，就等于在市场上具有了独占权。

② 利于企业宣传。在宣传广告或产品时打上专利标志，消费者认为这种商品更具可靠性、信用性，提高企业的美誉度。

③ 获取政策奖励。各地方政府均出台有相应政策，对专利获得授权者或申请者进行奖励或补助。

④ 技术保护。防止他人模仿本企业开发的新技术、新产品。

⑤ 荣誉价值。企业荣誉、提升价值、评定职称、个人美誉度的实现。

⑥ 无形资产。某一技术一旦被授予专利权就变成了工业产权，形成了无形资产，具有了价值，可作为商品出售或转让。

1.3.2 申请专利的一般注意事项

（1）自主发明也需要申请专利

有些人天真地认为，自主发明的成果直接就拥有知识产权。我们申请专利是为了得到法律的保护，有效地防止他人侵犯自己的权利。专利是一种垄断权，如果我们没有申请专利的话，你的自主发明得不到有效保护，如果被他人盗用之后从法律上是很难判断的，所以我们的自主研发成果一定要申请专利。在我国，商标、专利都是采用"在先申请原则"，所以我们需要有知识产权保护意识，尽早申请专利，防止他人恶意侵犯。

（2）专利申请不能等到大规模生产之后再进行

有些人认为，专利可以在进行大规模生产之后再进行申请，这一想法肯定是错误的。我们在研发了某项成果之后，就应该向专利局进行申请。产品一旦推向市场，形成大规模生产后，产品就已经没有机密可言，处于不受法律保护的状态。一旦被人侵权仿造，侵权人就会以专利申请之日之前技术已经被公开为由进行抗辩。作为该技术的初始拥有方，打赢官司的概率非常小。

（3）一项技术成果可以申请多种类型的专利

有专利申请人会偏见地认为，一项技术成果只能申请一类专利，这个想法也是错误的。前已述及，我国的专利分为发明专利、实用新型及外观专利三类。对于某一项技术发明，我们可以同时申请这几项专利。技术方案也可以同时申请实用新型和发明专利，这需要从三类专利保护的标的，分别撰写不完全相同的申请文件。实用新型专利批得快，可尽快获得相应保护，通常需1年左右时间；发明专利则通常需2～5年审查批准时间。

（4）保护技术成果也可以采用邮存"秘密文件"的方式

专利申请是保护技术成果、获得法律有效保护的手段，但是专利申请不是唯一方法，其劣势是必须将技术方案进行公开。申请人还可以通过技术秘密由技术持有人自己加以保护，这种方式不需要对外公开技术方案，别人无法了解到该项技术。采用技术秘密保护技术成果的形式是，将技术方案撰写成"秘密文件"，像普通信函或挂号信一样密封，通过邮寄的方式"投寄"给自己。当他方以同样技术专利控告你侵权时，可以通过信件上保存完好的密封邮戳提起诉讼（应诉）。必要时由裁定法院拆封，确认该项技术方案的最初形成时间和自主完成身份，从而保护你的技术权益。但通过此方式只能保护自己的技术成果，而不拥有（形成）对他方的法律制裁效力。

（5）拥有实用新型以及外观设计授权证书的专利也可能被"宣告无效"

鉴于我国实用新型以及外观设计专利都没有实质审查流程的实际情况，也就意味着这两类专利可能与他人的专利存在类同的情况。而且，实际申请的结果，你有可能获得该项专利授权。但是如果一旦有人提出无效宣告，且被国家专利局公告通过，你的这类专利就会被"无效"掉，后续你就会被剥夺该项专利权。

（6）专利产品改进后需要追加再申请专利

如果你之前的产品申请过专利并获得过授权，对于在此基础上新改进的产品，不再申请专利，那么你改进过后的产品就相当于没有申请专利。所以我们在对某项发明产品做出改进之后，需要重新进行专利申请。

（7）专利申请前的技术文献检索查新是必要环节

很多专利发明人在申请专利的时候没有进行检索就申请了，这种"不检索"带来的弊端就是你不清楚该技术方案是否具有新颖性，类同的技术方案有没有被公开。由于专利申请人对于信息检索以及收集信息的能力低，渠道有限，无疑会导致撰写技术方案与他人的重复度高，这对于有效获得专利授权是极为不利的。所以我们在申请专利之前，一定要进行检索工作，一旦发现有人申请过该专利或者在相关文献中公开过，那么我们就可以放弃该项申请。

（8）对专利申请及授权后应进行有效的管理

专利申请之后缺乏管理也是一种现象。专利对于推动企业发展是有很大帮助的。很多企业拥有很多专利，但是无专人管理，导致专利文件之间存在冲突关系，有的已无市场价值还在缴纳年费；有的专利权已经遭受侵犯，但企业管理者对专利特征不了解，不能及时提起诉讼；还有的则是专利申请文件的撰写质量差，不能起到应该有的保护作用。

（9）同一项技术成果，发表论文或成果鉴定必须安排在专利申请之后

有些发明人取得研究成果后急于发表文章或成果鉴定，而没有想到先申请专利保护。因为发表文章或成果鉴定不可避免地要公开技术内容，使专利申请失去新颖性而得不到保护。以人才培养为主要目标的高校、研究院所尤需注意，时常会发生某件极具市场应用前景的技术成果，因过早发表学术报告及文章而不得不放弃该专利的申请。

(10) 避免专利申请中的"技术公开不充分"

很多技术发明人提交的专利申请文件非常简单，甚至只有几句话，技术方案完全没有交代清楚，这会给专利申请文件审查带来很大困扰。要求发明人提供更详细的技术方案时，他们会以技术保密为由回避，表明该发明人没有把握好保密与公开的度。如果只是一味要求保密，害怕多透露技术信息，往往会让专利审查员以"技术公开不充分"为由而予以驳回。

1.4 专利实施的特别许可

《专利法》第五十、五十一、五十三条规定，中华人民共和国专利技术在实施时，除了申请人自行实施的方式外，还可以以"开放许可""实施许可""强制许可"的形式实施，也就是通常所说的"专利申请权、独享权以及收益权的转让"。

1.4.1 专利的开放许可及实施许可中的相关术语

专利转让是指专利权人作为转让方（开放许可方），将其发明创造专利的所有权或持有权通过专利权转让合同的约定转移给受让方（实施许可方）。受让方支付合同约定价款，依据专利权转让合同取得专利权的当事人，即成为新的合法专利权人，同样也可以与他人订立专利转让合同、专利实施许可合同。

专利权受让人是指通过合同或继承而依法取得该专利权的单位或个人，受让方就是接受专利技术的那一方。专利申请权转让之后，如果获得了专利，那么受让人就成为该专利权的主体。专利独享权转让后，受让人成为该专利独享权的新主体，同时也就获得了该专利的收益权。接受了专利申请权或专利权之后，受让人并不因此而成为发明人、设计人，该发明创造的发明人、设计人也不因发明创造的专利申请权或专利权转让而丧失其特定的权利。

1.4.2 专利的开放许可及实施许可中的注意要点

对于已经取得专利权的发明人,在进行专利转让时需要注意以下几点:

(1)避免盲目扩大专利价值

对于专利权的转让标底,应以能够成交、互利为原则,否则很可能合作失败。

(2)避免求快

专利转让是一个法律程序,最好委托业内人士(例如专业律师)进行相关操作,切勿自行随便签订合同。

(3)应把合作放在首位

专利开发的目的,除了是对自己的肯定,更重要的是有益于社会和人们的生活,贡献服务于社会。一项具有一定技术含量和市场容量的专利技术,在没有转化为社会生产力之前,只能是技术。因此实现产业化才是造福于社会和人类的最高标准,在某种程度上适当退让和调低一些标底,同样是很必要的,毕竟合作是需要双方都有诚意的。

(4)做好相关记录

尽可能做好转让过程中的记录,这对于后续问题以及收益分配都是很重要的。在转让之前,不要轻易进行价值评估等操作,尤其是不要轻易根据对方要求进行此类操作。如果确实需要进行评估,尽量明确评估费用担负原则和担负比例,以免上当受骗。在没有完全完成转让手续前,不要轻易交付技术资料和相关图纸等具体信息。

1.4.3 专利的开放许可及实施许可的合同条款

专利转让必须签订书面合同,专利转让合同一般应具备以下条款:

① 项目名称。项目名称应载明某项发明、实用新型或外观设计"专利权转让合同"。

② 发明创造的名称和内容。应当用简洁明了的专业术语，准确、概括地表达发明创造的名称（一般都是照抄获得授权的专利名称），所属的专业技术领域，现有技术的状况和本发明创造的实质性特征。

③ 专利申请日、专利号、申请号和专利权的有效期限。

④ 专利实施和实施许可情况。有些专利权转让合同是在转让方或与第三方订立了专利实施许可合同之后订立的，这种情况应载明转让方是否继续实施已订立的转让合同，实施许可合同的权利和义务如何转移等。

⑤ 技术情报资料清单。至少应包括发明说明书、附图以及相关技术领域一般专业技术人员能够实施发明创造所必需的其他技术资料。

⑥ 价款币种、总额及支付方式。

⑦ 违约条款。明确违约金或损失赔偿额的计算方法。

⑧ 争议的解决办法。当事双方在发生争议时，愿意将其提交双方协定的仲裁机构仲裁的，应在合同中明确仲裁机构。明确所共同接受的技术合同仲裁条款，该条款具有排除司法管辖的效力。

需要注意的是，除依照《专利法》第十条规定转让专利权外，专利权因其他事由发生转移的，当事人应当凭有关证明文件或者法律文书向国务院专利行政部门办理专利权转移手续。

专利权人与他人订立的专利实施许可合同，应当自合同生效之日起3个月内向国家知识产权局专利局备案。

以专利权出质的，由出质人和质权人共同向国家知识产权局专利局办理出质登记。

另外，就实用新型、外观设计专利提出开放许可声明（专利权转让）的，应当提供专利权评价报告。专利权评价报告必须是国家知识产权局专利局或者其地方代理机构作出的。请求作出专利权评价报告时，应当提交专利权评价报告请求书，写明专利号。每项请求只限于一项专利权。任何单位或者个人可以查阅或者复制该专利权评价报告。

第2章
中国专利的申请渠道和流程

专利申请是获得专利权的必须程序。专利权的获得，要由申请人向国家专利局提出申请，经国家专利局批准并颁发证书。

在我国，提出专利申请的渠道有三种。一是通过向国家专利局及其设在各地的专利代办处、分理处邮寄或递交纸版申请文件；二是委托已经获得国家专利申请代理授权的机构代为撰写、提交和答复申请文件；三是申请人在国家知识产权局专利局的网站上申请一个客户端账户，然后自行在客户端账户上通过CPC客户端或者登录在线平台，直接向中国专利电子申请网提交申请的电子文件。

本书把通过国家专利局及其代办处渠道提交纸版文件的申请称为纸件申请；将通过代理机构或申请人自行提交电子文件的申请称为电子申请。通过电子方式提交专利申请，快捷、方便、费用低，一般提交后的第二天就可以下载专利受理通知书，目前95%以上的专利申请都是通过电子申请的形式提交的。

我国的专利电子申请始于2004年，国家知识产权局自2010年2月10日开启了新的专利电子申请系统，一直在大力推广专利的电子申请工作，有数据表明，2017年7月的电子申请率占比已达95.3%。

国家知识产权局又于2023年1月9日至26日对专利业务办理系统进行了升级。升级内容包括：①开通专利业务办理系统网页版；②启用专利业务办理系统移动端；③启用专利业务办理系统客户端。

下面分三种渠道做介绍。

2.1 国家专利局及其代办处渠道

2.1.1 国家专利局

位于中国境内的单位或者个人在国内申请专利，可以通过国家知识产权局专利局（北京总部，以下简称国家专利局）及其设立在全国各地的专利代办处进行受理。国家专利局负责受理专利申请的审查。在北京、江苏、广东、河南、湖北、天津、四川等地还设有专利审查协作中心，他们受理的审查案件由国家专利局分配下达。涉及国防技术的专利申请由国防专利分局负责受理。

直接到国家专利局申请或者通过挂号邮寄申请文件方式申请时，需要提交的发明专利的申请文件包括：专利申请请求书、权利要求书、说明书、说明书附图、说明书摘要、摘要附图。其中，说明书附图和摘要附图为非必需的文件，根据申请人对说明书中技术方案的介绍需要而定。实用新型和外观设计类专利的申请文件类目略有差异，详见第3章的分类介绍。3类申请都需要同时提交相对应的电子版本文档。中国专利的申请文件，国家专利局受理时指定使用中文编写，无须中外文对照版。

如果符合受理条件，专利局将确定申请日，给予申请号，核实过文件清单后，发出受理通知书，通知申请人。

如果申请文件未打印、印刷或字迹不清、有涂改的，或者附图及图片未用绘图工具和黑色墨水绘制、照片模糊不清有涂改的，或者申请文件不齐备的，或者请求书中缺申请人姓名或名称及地址不详的，或专利申请类别不明确或无法确定的，以及外国单位和个人未经涉外专利代理机构直接寄来的专利申请，专利局不予接收、受理。

2.1.2　国家专利局各地方代办处

通过国家专利局设在各地代办处的渠道申请，其形式是申请人直接将自备的申请文件递交到代办处。目前在长沙、沈阳、济南、成都、南京、上海、西安、广州、武汉、郑州、长春、天津、哈尔滨、石家庄、北京、昆明、杭州、贵阳、重庆、深圳、福州、乌鲁木齐、南宁、南昌、银川、合肥、兰州、海口、太原、西宁、呼和浩特、拉萨市设有代办处，在苏州和青岛设置为分理处。同上，也需要同时提交相对应的电子版本。

2.1.3 中国专利申请的基本流程

享有公民权的自然人以及拥有社会信用权（代码）的法人，可以以其某一个技术创新、实用新型或者外观设计方面的想法申请专利，也就是说，专利不需要实物就可以申请。

中国专利采取在先确权原则，同样的产品、技术、设计，谁先申请，谁就可以获取专利权垄断。任何组织、个人以及在校学生均可以申请专利，获取专利权。配方、偏方等方法类研究属于发明专利申请，设计图、渲染图等属于外观专利申请。

依据《专利法》的规定，发明专利申请的审批程序包括受理、初审、公布、实审以及授权五个阶段。实用新型或者外观设计专利申请在审批中不进行早期公布和实质审查，只有受理、初审和授权三个阶段。见下图示意。

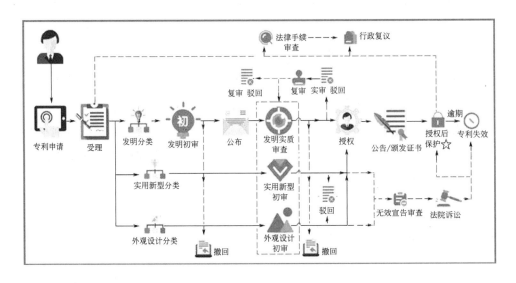

2.1.4 中国专利的审批

当专利申请人向国家知识产权局专利局或其受理处提交专利申请文件，并支付所需缴纳的专利申请费后，就完成了该项专利的申请程序，后续则是等候专利局的审批。

通过专利代理机构或者申请人电子DIY申请（指专利申请人自己申请）的，后续的审批过程相同，只是在答复文件的撰写和提交方面，承办人各自不同。

（1）初步审查

受理后的专利申请会自动进入初步审查阶段。初审前发明专利申请首先要进行保密审查，需要保密的，按保密程序处理。

所谓初审，是对申请文件是否存在明显缺陷进行审查。审查内容主要包括：是否属于《专利法》中不准许授予专利权的范围，是否缺乏技术方案导致不能授权，是否缺乏单一性，申请文件是否齐备及格式是否符合要求。若是外国申请人还要进行资格审查及申请手续审查。

发明专利申请初审合格的，将发给初审合格通知书。发明专利申请初审不合格的，专利局将通知申请人在规定的期限内补正或陈述意见，逾期不答复的，申请将被视为撤回。经答复仍未消除缺陷的，也会告知予以驳回。

对实用新型和外观设计专利申请，除进行上述审查外，还要审查与已有的专利是否明显相同，是不是一个新的技术方案或者新的设计。经初审未发现驳回理由的，将直接进入授权程序。

（2）对专利申请文件的主动修改和补正

申请人在收到专利申请受理通知书的前后，如果发现所提交的申请文件里有需要修改和补充的事项，可以向专利局受理处提出主动修改和补正。

发明专利申请只允许在提出实审请求时和收到专利局发出的发明专利申请进入实质审查阶段通知书之日起3个月内对专利申请文件进行主动修改。

实用新型和外观设计专利申请，则只允许在申请日起2个月内提出主动修改和补正。

（3）答复专利局的各种通知书

除了上述的专利申请受理通知书不需要回复外，由专利局分派的具有相应专业领域资格的审查员下发的其他各种通知书都必须在指定的答复期限内做出答复。

注意，初始申请是通过纸件申请的，仍然用纸件回函答复，邮寄地址为：北京市海淀区蓟门桥西土城路6号，邮编100088，注明"国家知识产权局专利局受理处收"。

如果初始申请是电子申请，应当通过电子专利申请系统以电子文件形式提交相关文件；除另有规定外，以纸件等其他形式提交的文件，会被视为"未提交"。

① 关于答复期限，逾期答复和不答复后果是一样的。针对审查意见通知书指出的问题，应分类逐条答复。答复表示同意审查员意见的，按照审查意见办理补正或者对申请文件进行修改；不同意审查员意见的，应陈述意见及理由。

② 属于格式或者手续方面的缺陷，一般可以通过补正消除缺陷；明显实质性缺陷一般难以通过补正或者修改消除，多数情况下只能就是否存在或属于明显实质性缺陷进行申辩和陈述。

③ 对发明或者实用新型专利申请的补正或者修改，均不得超出原说明书和权利要求书记载的范围。对外观设计专利申请的修改不得超出原图片或者照片表示的范围。修改文件里还应当按照规定格式提交替换页。

④ 答复应当按照规定的格式提交文件。一般补正形式问题或手续方面的问题使用补正书；修改申请的实质内容使用意见陈述书；申请人不同意审查员意见，进行申辩时使用意见陈述书。

（4）专利申请被视为撤回及其恢复

逾期未办理规定手续的，申请将被视为"撤回"，专利局届时会发出视为撤回通知书。申请人如有正当理由，可以在收到视为撤回通知书之日起两个月内，向专利局请求恢复权利，并说明理由。请求恢复权利的，应当提交恢复权利请求书，说明耽误期限的正当理由，缴纳恢复费，同时补办未完成的各种应当办理的手续。补办手续及补缴费用一般应当在上述两个月内完成。

（5）公布阶段

发明专利申请从发出初审合格通知书起进入公布阶段。如果申请人没有提出提前公开的请求，要等到申请日起满15个月才进入公开准备程序。如果申请人请求提前公开，则申请立即进入公开准备程序。经过格式复核、编辑校对、计算机处理、排版印刷，大约3个月后在专利公报上公布其说明书摘要并出版说明书单行本。申请公布以后，该项申请专利就获得了临时保护的权利。

（6）实质审查阶段

发明专利申请公布以后，如果申请人已经提出实质审查请求并已生效，也即进入实审程序。如果发明专利申请自申请日起满3年还未提出实审请求，或者实审请求未生效，该申请即被视为撤回。

实质审查主要是对专利申请是否具有新颖性、创造性、实用性以及《专利法》规定的其他实质性条件进行全面审查。经审查认为不符合授权条件的或者存在各种缺陷的，将通知申请人在规定的时间内陈述意见或进行修改。逾期不答复的，申请被视为撤回。经多次答复，申请仍不符合要求的，予以驳回。实审周期较长，如果从申请日起两年内尚未授权，从第三年起应当每年缴纳申请维持费，逾期不缴的，申请也将被视为撤回。

实质审查中未发现驳回理由的，按规定将进入授权程序。

（7）授权阶段

实用新型和外观设计专利申请经初步审查，发明专利申请经过实质审查，未发现驳回理由的，经对授权文本的法律效力和完整性进行复核，对专利申请的著录项目进行校对、修改后，专利局将发出授权通知书和办理登记手续通知书。

申请人接到上述两个通知书后，应按照通知书上的要求在2个月之内办理登记手续并缴纳规定的费用（参见书末附录，以登记手续通知书为准）。在期限内办理了登记手续并缴纳了规定费用的，专利局将授予专利权，并在2个月后于专利公报上公告，在专利登记簿上记录，颁发专利证书（电子版），专利权自公告之日起生效。未在规定的期限内按规定办理登记手续的，视为放弃取得的专利授权。

初始申请为纸版提交的，缴纳制版工本费后，可以取得纸版专利证书；初始申请为电子版提交的，还需要提出邮寄纸版证书的请求，在缴纳制版工本费后，才能取得纸版专利证书。

国家知识产权局于2023年1月29日发布了《关于全面推行专利证书电子化的公告（第515号）》，其中规定自2023年2月7日（含当日）起，全面推行专利证书电子化。当事人以电子形式申请并获得专利授权的，通过专利业务办理系统下载电子专利证书；以纸质形式申请并获得专利授权的，按照《领取电子专利证书通知书》中告知的方式下载电子专利证书。

（8）办理登记手续应缴纳的费用

办理登记手续时，不必再提交任何文件，申请人只需按规定缴纳专利登记费（包括公告印刷费用）和授权当年的年费、印花税。发明专利申请授权时，距申请日超过2年的，还应当缴纳申请维持费。授权当年按照办理登记手续通知书中指明的年度缴纳相应费用。上述费项的具体数据，以国家局当时下发的通知书载明为准，也可参见书末附录。

2.1.5 专利权的维持、终止及无效

（1）专利权的维持

专利申请被授予专利权后，专利权人应于每一年度期满（以专利授权公告之日起计算）前一个月预缴下一年度的年费，用以维持该专利权。

依据专利的确权年度数，其维持年费有递增趋势，同样可参考书末附录，以当年度收到的缴费通知书上记载的为准。

期满未缴纳或未缴足，专利局将发出缴费通知书，通知专利权人自应当缴纳年费期满之日起6个月内补缴，同时缴纳滞纳金。滞纳金的金额按照每超过规定的缴费时间1个月，加收当年全额年费的5%计算；期满仍未缴纳

的或者缴纳数额不足的，专利权自应缴纳年费期满之日起终止。

（2）专利权的终止

依据终止的原因，专利权的终止可分为：

① 期限届满终止。发明专利权自申请日起算维持20年，实用新型或外观设计专利权自申请日起算维持满10年，依法终止。

② 未缴费终止。专利局发出缴费通知书通知申请人缴纳年费及滞纳金后，申请人逾期仍未缴纳或缴足年费及滞纳金的，专利权自上一年度期满之日起终止。

（3）专利权的无效

专利申请自授权之日起，任何单位或个人认为该专利权的授予不符合《专利法》有关规定的，可以请求宣告该专利权无效。请求宣告专利权无效或者部分无效的，请求人（企业法人或自然人）应当按规定缴纳费用，提交无效宣告请求书一式两份，写明请求宣告无效的专利名称、专利号并写明依据的事实和理由，附上必要的证据。对专利的无效请求所做出的决定，任何一方如有不服的，可以在收到通知之日起3个月内向人民法院起诉。专利局在决定发生法律效力以后予以登记和公告。宣告无效的专利权视为自始即不存在。

2.2 商业化的专利代理渠道

商业化的专利代理渠道指的是，专利申请人通过向已经获得国家专利申请代理授权的机构做书面委托，签订委托合同并付给一定的代理费用，由专利代理机构（或者代理人）代为办理专利申请手续。经此渠道提交的专利申请质量较高，特别是可以避免或减少因申请文件撰写的格式、提交环节等质量瑕疵、时间延误问题而耽误审查和授权。

委托专利代理机构代办专利申请，必须认准该机构是取得国家专利申请代理授权的，其专利代理人具有专利代理资格（通过相应考试获得中国专利代理员资格证书）。

专利代理机构是经省专利管理局审核，国家知识产权局批准设立，可以接受委托人的委托，在委托权限范围内以委托人的名义办理专利申请或其他专利事务的服务机构。

申请人可以在国家知识产权局的专利代理管理系统网页（网址：http://dlgl.cnipa.gov.cn/）查询专利代理机构和专利代理师的清单列表（见下图）。

委托专业代理机构的申请流程介绍如下。

2.2.1 与专利代理机构商的洽商

（1）专业审查

专业专利代理机构判定所申请专利是否具备专利申请条件，初步判定申请类型。

（2）双方签署委托协议

委托方和被委托方的技术人员，就申请专利的技术内涵做详细交流，委托方起草和拟定技术交底书后，双方签署委托申请专利的合作协议，明确代理人与申请人各自的权利与义务，同时就该专利技术，对于代理人和申请人形成知识产权方面给予约束。

2.2.2 专利申请技术内涵的交流（技术交底书）

签署委托申请专利的合作协议后，申请人需要向代理人提供有关该发明创造的一些背景资料，详细介绍发明创造的内容，俗称"技术方案"，帮助代理人更充分的理解发明创造的内容，以便代理人撰写的申请文件更加完善，提升申请的成功率。发明专利技术交底书的主要内容参见书末附录。

代理人在对上述发明创造理解的基础上，对专利授权的前景做出初步判断，对授权可能性很小的申请会建议申请人取消申请意向，此时代理机构将会收取少量咨询费。若专利授权前景较大，专利代理人将提出明确的申请方案、保护的范围和内容，在征得申请人同意的条件下开始准备正式的申请工作。

2.2.3 专利申请文件的撰写和准备

（1）相关技术的专利和公开文献检索

申请人在开展新产品开发、新课题立项之前，需要事先通过专利和技术文献的检索，了解所研发产品领域知识产权及其信息披露的有关情况。如果考虑申请发明专利，更需要做有针对性的文献检索。对拟申请的专利技术进行查新，判断涉及的发明创造是否已经被别人申请了专利，或者已有文献公开。

专利查重就是对拟申请的专利内容进行审查。为了确保专利技术方案的新颖性、创造性、实用性，技术内容不与他人的技术产生新颖性、创造性方面的质疑，提高专利申请的成功率，任何发明人以及任何一项发明在申请专利前，都必须要进行一次或是多次的技术文献调研。

专利查新是审查专利申请中所述发明创造是否达到《专利法》规定的新颖性、创造性和实用性要求。对专利的新颖性进行检索，就是鉴别自己的发明创造是否新颖，即在检索日之前是否为前所未有，或已属公知公识范围，确定是否可以申请专利，申请哪种专利，在哪些国家和地区申请专利，并确定自己专利的有效保护范围。

专利代理机构的专业性，很大程度上体现在文献检索能力，通过对专利信息检索，专利法律状态查询，专利时效性查询，同族专利信息查询等，对专利申请的可行性、有效性、可操作性做出专业的分析，出具检索或技术分析报告，为申请人申请专利提供专业分析和有效建议。

（2）对已经公开的相关专利和文献的"消化"

专利代理机构依据申请人提供的专利申请技术要点，通过各种检索方式，检索与本发明技术、科研成果相关的科技文献，并运用综合分析和对比的方法，从文献角度做出专业的分析结论。假如拟提出专利申请的技术，已经有文献和专利申请（包括已经授权、公开实审中、撤回/驳回、无效、其他原因导致失效的）公开，就需要详细比较本技术与它们的差异性，明确能否提炼得到本技术的明显新颖性和功效显著性，以此评估本项申请的授权概率大小。授权前景较大的就考虑下一步的申请工作，前景小的就要适时放弃。

（3）专利申请文件的撰写

专利申请文件类似于法律法规文书，其撰写格式、用词、技术表述，给予审查员的"第一印象"相当重要，后续的审批程序也相当严谨，务必要遵循国家专利局的撰写规范执行。三个类别专利的申请，需要提交的申请文件种类和格式各有要求，需要按照国家专利局最新发布的规范模板撰写（参见"2.3　企业法人或自然人的电子DIY申请"内容）。

专利代理人撰写的专利申请文件，一般需要经过代理机构的内部质量检查后，才能传发给申请人确认。

2.2.4　客户确认后提交

专利代理机构整理完善上述专利申请文件的资料后，填写专利申请请求书，一并提交给客户（申请人）确认，得到明确的首肯后，再上传提交到国家专利局专利申请受理部门。

后续的国家专利局受理、初步审查、审查不合格下发补正或者审查意见通知书、专利公开公布、实质审查、授权及授权公告、下发专利证书等程序，都是由国家专利局主导和循序推进的，亦参见后面的"2.3　企业法人或自然人的电子DIY申请"相关介绍，此处不做"剧透"。

2.3　企业法人或自然人的电子DIY申请

2.3.1　关于专利电子申请的规定

国家知识产权局于2010年8月26日发布了《关于专利电子申请的规定》（第57号），自2010年10月1日起施行。内容如下：

第一条　为了规范与通过互联网传输并以电子文件形式提出的专利申请（以下简称专利电子申请）有关的程序和要求，方便申请人提交专利申请，提高专利审批效率，推进电子政务建设，依照《中华人民共和国专利法实施细则》（以下简称《专利法实施细则》）第二条和第十五条第二款，制定本规定。

第二条　提出专利电子申请的，应当事先与国家知识产权局签订《专利电子申请系统用户注册协议》（以下简称《用户协议》）。

开办专利电子申请代理业务的专利代理机构，应当以该专利代理机构名义与国家知识产权局签订《用户协议》。

申请人委托已与国家知识产权局签订《用户协议》的专利代理机构办理专利电子申请业务的，无须另行与国家知识产权局签订《用户协议》。

第三条　申请人有两人以上且未委托专利代理机构的，以提交电子申请的申请人为代表人。

第四条　依照《专利法实施细则》第一百零一条第二款的规定进入中国国家阶段的专利申请，可以采用电子文件形式提交。

依照《专利法实施细则》第一百零一条第一款的规定向国家知识产权局提出专利国际申请的，不适用本规定。

第五条　申请专利的发明创造涉及国家安全或者重大利益需要保密的，应当以纸件形式提出专利申请。

申请人以电子文件形式提出专利申请后，国家知识产权局认为该专利申请需要保密的，应当将该专利申请转为纸件形式继续审查并通知申请人。申请人在后续程序中应当以纸件形式递交各种文件。

依照《专利法实施细则》第八条第二款第（一）项直接向外国申请专利或者向有关国外机构提交专利国际申请的，申请人向国家知识产权局提出的保密审查请求和技术方案应当以纸件形式提出。

第六条　提交专利电子申请和相关文件的，应当遵守规定的文件格式、数据标准、操作规范和传输方式。专利电子申请和相关文件未能被国家知识产权局专利电子申请系统正常接收的，视为未提交。

第七条　申请人办理专利电子申请各种手续的，应当以电子文件形式提交相关文件。除另有规定外，国家知识产权局不接受申请人以纸件形式提交的相关文件。不符合本款规定的，相关文件视为未提交。

以纸件形式提出专利申请并被受理后，除涉及国家安全或者重大利益需要保密的专利申请外，申请人可以请求将纸件申请转为专利电子申请。

特殊情形下需要将专利电子申请转为纸件申请的，申请人应当提出请求，经国家知识产权局审批并办理相关手续后可以转为纸件申请。

第八条　申请人办理专利电子申请的各种手续的，对《专利法》及《专利法实施细则》或者《专利审查指南》中规定的应当以原件形式提交的相关文件，申请人可以提交原件的电子扫描文件。国家知识产权局认为必要时，可以要求申请人在指定期限内提交原件。

申请人在提出专利电子申请时请求减缴或者缓缴《专利法实施细则》规定的各种费用需要提交有关证明文件的，应当在提出专利申请时提交证明文件原件的电子扫描文件。未提交电子扫描文件的，视为未提交有关证明文件。

第九条　采用电子文件形式向国家知识产权局提交的各种文件，以国家知识产权局专利电子申请系统收到电子文件之日为递交日。

第十条　对于专利电子申请，国家知识产权局以电子文件形式向申请人发出的各种通知书、决定或者其他文件，自文件发出之日起满15日，推定为申请人收到文件之日。

第十一条　本规定由国家知识产权局负责解释。

第十二条　本规定自2010年10月1日起施行。2004年2月12日国家知识产权局令第三十五号发布的《关于电子专利申请的规定》同时废止。

专利电子申请业务事项如果有发生更改的情况，国家知识产权局会在其网站上及时公布，请各位读者适时注意。

2.3.2　专利电子DIY申请新用户的注册

中国专利的电子DIY申请，指的是申请人在国家知识产权局的专利业务办理系统上自行申请专利，不委托中介机构，无须递交纸版申请资料，进而获得专利授权的一种方式。

（1）电子DIY申请用户注册前的准备事项

根据2023年1月3日国家知识产权局发布的《关于"专利业务办理系统"上线的通知》，1月11日12时起专利业务办理系统正式升级开通。升级后的专利业务办理系统采用全新技术手段，减少本地环境依赖，大幅提升兼容性，用户无须下载并安装额外控件。DIY申请用户可以通过网页版、客户端、移动端三种途径办理相关专利业务。

办理中国专利的电子DIY申请，中国专利局网站平台对所使用的电脑（包括手提电脑）的运行环境（系统配置）提出以下要求：操作系统为WINDOWS 7及以上版本；文档编辑软件OFFICE 2007；推荐使用中文版WINDOWS 7和OFFICE 2007。使用Chrome内核的主流浏览器（含Chrome 54.0及以上版本、360浏览器9.0及以上版本、Microsoft Edge 100.0及以上版本、Opera 90.0及以上版本）。终端环境要求：运行在匹配的操作系统上的Firefox 88及以上版本、终端最低配置要求为CPU 1.0GHz以上、内存4GB以上，客户端程序安装所需硬盘空间不低于2GB。第一次"专利业务办理系统"办理在线业务时，需要在其网站平台上先提出申请、做好用户注册，并获得通过。

访问中国电子专利申请网，即可进入专利业务办理系统网页版，用户可以通过前述符合要求的浏览器进行访问和办理业务。在2023年1月专利业务办理系统升级上线之前已经注册的用户，需要按照系统的要求，完善用户信息补正和确认后才能登录和使用专利业务办理系统，查询及继续办理和推进此前已经在中国专利申请网和PCT电子申请网提交的在线电子申请业务，办理新业务。网页版终端环境要求：在匹配的操作系统上的Firefox 88及以上版本运行，使用Chrome内核的主流浏览器（含Chrome 54.0及以上版本、360浏览器9.0及以上版本、Microsoft Edge 100.0及以上版本、Opera 90.0及以上版本）。

专利业务办理系统客户端是安装在本地终端环境上的专利业务办理系统，安装包可通过中国电子专利申请网首页的"工具下载"栏目下载。安装完成后，通过统一身份认证平台完善了用户注册信息的用户，可以继续办理此前已经在CPC离线电子申请客户端和CEPCT离线电子申请客户端提交的业务。客户端终端配置要求及兼容性：终端最低配置为CPU 1.0GHz以上、内存4GB以上，客户端程序安装所需硬盘空间不低于2GB。

专利业务办理系统移动端是专利业务办理系统新增的给经办人使用的APP，用于发布通知公告、完成注册登录和扫码认证等业务。经办人登录APP之后需要在APP上申请数字证书，经办人可以用APP扫码登录专利业务办理系统网页版、客户端，在签名提交专利和接收通知书时需要经办人扫码验证；APP上是不可以撰写专利的。用户可在苹果AppStore、华为应用市场、小米应用商店下载，也可通过中国专利电子申请网下载。

用户在进行电子DIY申请之前，首先需要在专利业务办理系统办理用户注册手续。本节仅对自然人注册和法人注册流程做简单介绍。

（2）自然人及法人用户的注册流程

打开上述主流浏览器，进入国家知识产权局专利局的网站，随即弹出以下界面：

专利和集成电路布图设计业务办理统一身份认证平台

新用户根据类别单击上面的不同按钮，遵照提示操作。如：单击"立即注册"，进入用户协议界面：

国家知识产权局专利业务办理系统用户服务协议

欢迎您使用国家知识产权局专利业务办理系统。为了切实保护国家知识产权局专利业务办理系统用户的权益，国家知识产权局专利业务办理系统根据现行法律及政策，制定《国家知识产权局专利业务办理系统用户服务协议》（以下简称"本协议"）。

本协议将详细说明国家知识产权局专利业务办理系统在协议变更与修改、用户账号生成、用户信息管理、软件更新、用户隐私保护等方面的保护政策及相应措施以及实名注册用户使用专利业务办理系统办理专利审查及相关业务过程中的权利和义务。

一、【定义】

1、服务门户：在本协议中除非专门指明或声明，均指"国家知识产权局专利业务办理系统"服务门户，服务门户只负责提供用户访问各个专利业务渠道，具体专利业务功能均由所属业务系统提供。

2、用户/您：指同意并遵守本协议，完成服务门户所有注册程序并经服务门户确认，拥有服务门户用户登录账号和密码的自然人、法人、代理机构。

3、用户信息：指用户注册信息，以及用户使用服务门户服务时提交的、被服务门户所知悉的相关信

单击"我已阅读并同意协议内容"，即可按照系统的提示，循序填写相关信息、提交必需的资料，办理新用户注册手续。如下所示：

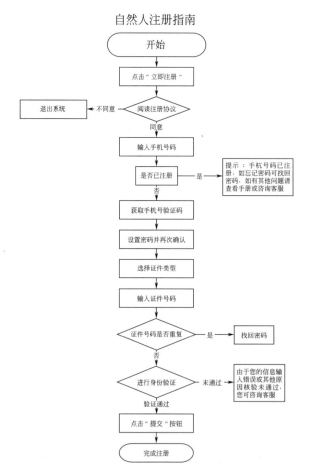

单击上述页面的"个人注册指南",可以了解自然人用户的注册流程,如下图所示:

完成"自然人注册信息"验证后，接下来就是准备新用户注册必需的材料。自2016年10月29日12时起，电子申请用户注册手续必须在电子申请网站自助办理。申请人是自然人的，使用居民身份证号码注册。需要填写的信息如下：姓名、证件类型、证件号码、国籍或注册国家（地区）、经常居住地或营业所所在地、详细地址、邮政编码、电子邮箱、业务办理邮箱，从指定邮箱里接收注册系统临时发送的邮件，获取验证码并输入到验证栏里。

相关信息输入完成、所需资料拷贝、粘贴成功后，再单击"提交"，即完成用户实名注册操作。

如果用户过后遗忘了在上述"自然人注册信息"中第一个画面里填写的"密码"，可以按照下面的程序"找回密码"，实际上是让用户重新修改得到新密码。

在下述页面上,单击"忘记密码"。

系统马上返回到"身份认证平台",输入"账号"即注册时的证件号码(或者手机号码),单击"验证身份"。

身份验证通过后,页面上弹出"下一步"对话框。

输入"姓名""证件号"信息后,再单击"下一步"。

弹出"手机验证",再次确认用户身份。

正确填写输入临时获取的"手机验证码"后,单击"下一步"。

出现下述界面：

输入新密码，并在第二栏中再次输入"确认新密码"。单击"确认"，完成"找回密码"。

办理新申请和查询已经申请的专利业务信息时，单击"自然人登录"，通过快速（60秒内）向右移动滑块，完成验证后才能进入。

法人用户的注册程序与自然人用户基本相同，只是在提供的证明材料方面有所差异。申请人是法人的，使用统一社会信用代码或者组织机构代码证号注册。

法人用户注册需要填写的信息页面如下，其中信息框后面标注有红色星号*的项目为"必填项"。

接续还要填写"关联经办人信息"。

对于经办人，系统还要求其明确是否已经注册为"自然人用户"，选择"已注册"或者"未注册"，完善信息。

| 第 2 章　中国专利的申请渠道和流程 |

"未注册"和"已注册"的经办人关联信息稍有不同。

注意：一个自然人（身份证号码）只能关联成为某一个公司的经办人，此处不能一身兼数职。

单击"提交"后，才算完成法人用户的注册。

注册成功后，即可进入国家知识产权局专利业务办理系统查阅信息和办理专利申请业务了。注意，以企业（非专利代理机构）或自然人办理的电子DIY申请端口，只能办理以本企业或自然人为申请人的专利申请，不能代为第三方办理申请。

（3）用户登录

用户注册成功后，进入"统一身份认证平台"主页面，按照登录人的不同身份类别，输入自然人的身份证号码、法人或代理机构的统一社会信用代码和密码后，即可登录进入专利业务办理系统中该用户的操作页面，进行业务查询、专利检索、新专利申请等。下面以法人用户登录时，系统顺次弹出的页面截屏图做示例简述。

| 第 2 章　中国专利的申请渠道和流程 |

向右滑动拖动图标，完成身份验证：

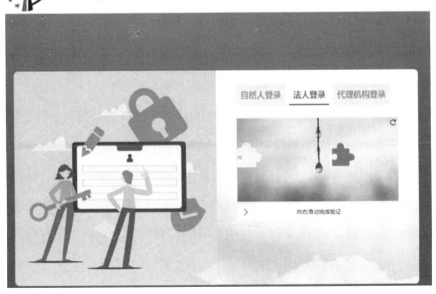

进入法人账户管理页面后，点开"账户管理"下拉菜单，可以修改账户相关信息（如果有必要的话）：

左栏"账户管理"里标明的"账户信息""基本信息""修改密码""修改手机""修改邮箱""用户更名""经办人管理"各个子项目皆可以输入相应的信息，再单击"修改"自助操作完成。

然后单击"返回系统"，又回到进入专利业务办理系统的主页面。

2.3.3 历史用户的信息补录

对于 2023 年 1 月 11 日 12 时专利业务办理系统正式升级开通之前完成了注册的用户，在重新登录之前，则需要进行历史用户补录，核对和补充完善用户信息。参见《专利和集成电路布图设计业务办理统一身份认证平台用户操作手册》中"1.2 历史用户补录"。

仍然是在下述页面登录，用户输入原历史账户和密码（指原中国专利电子申请网或原专利事务服务系统或原电子票据交付服务系统的账号和密码）进行登录，登录成功后，系统自动引导用户进行实名信息升级补录。

假如在历史用户补录中遇到某些技术问题和故障，可以单击"补录常见问题解答"查看，按照其推荐的方法自助处理，或者致电010-62356655寻求指导。

2.3.4 电子申请文件的编辑

2023年1月11日12时专利业务办理系统升级后，确实给专利申请业务办理带来了极大的便利，用户可以通过网页版、客户端、移动端三种途径办理相关业务。下面以网页版、自然人登录办理程序为例做介绍，通过客户端和移动端渠道以及企业法人身份办理业务的程式基本类同，只是限于弹窗页面显示内容的多少、布局有所差异。

进入专利业务办理系统后，将操作光标置于"专利申请及手续办理"，系统显示如下画面，列示当前能够进行业务办理的名目。

接着单击想办理的业务图标及中文名称,即进入办理该业务事项的栏目。例如,办理"发明专利申请",系统再一次提示用户做"身份认证":

单击"登录",输入用户码和登录密码,移动滑块图标做验证正确后:

第 2 章　中国专利的申请渠道和流程

单击"新申请办理",显示如下画面,提示需要先编写"发明专利请求书",后续还需要编辑和提交的申请文件包括"权利要求书""说明书""说明书摘要""说明书附图""申请文件(概略数据)"。

"发明专利请求书"必须在专利业务办理系统中在线填写。通过网页版途径提交申请时,"权利要求书""说明书""说明书摘要""说明书附图"4份文件,可以事先在线下编辑出 Word 文档,单击相应的文件类别后,逐项或者逐段用"Ctrl+C"进行复制、用"Ctrl+V"粘贴到指定位置。注意,这里不能使用单击鼠标右键,弹出的"复制"和"粘贴"功能操作实现"复制"和"粘贴"。

"发明专利请求书""权利要求书""说明书""说明书摘要""申请文件"是必须上传提交的申请文件,"说明书附图"则是依据解释技术方案的需要,可有可无的文档。

注意,为了避免临时断电或脱网造成编写文件的丢失,编辑文档时应适时单击右下方的"保存"按钮,及时将文档做暂存。提交上传前则需要进行"预览"核对文件的正确、完整性。右上方的"电子申请案卷编号"是专利局赋予该申请案的序列号,它是本申请文件提交获得受理之前的唯一编号,作为在"专利业务办理系统"中查询该案卷"快速指针",最好记录下来备用。一旦获得专利局受理后给予的申请号,该"电子申请案卷编号"的利用价值基本宣告完结。

2.3.5 提交申请文件并接收回执

在"专利申请及手续办理"画面中单击"申请文件"按钮,提示您填写将要提交的"权利要求书""说明书""说明书摘要""说明书附图"4份文件的基本情况,包括类型、名称、页数、权利要求书中的权项数。

每输入编辑完成一份申请文件（"权利要求书""说明书""说明书摘要""说明书附图"），确认无误后，单击"选择文件类型"右边的"上传"按钮，即可实现该申请文件的上传，而后单击"保存"。系统提示"保存成功"后，按"返回"回到"发明专利新申请办理"画面，单击下方的"预览"按钮，再一次检查文件的完整性和格式要求是否符合规定。预览通过后，单击"提交"，完成所有申请文件向国家专利局受理处的提交。

申请文件提交成功后，稍后可以返回到"国家申请/发明专利申请"页面，单击"业务办理历史"，查看本次申请的受理情况。

能够单击查询了解的内容主要包括"电子申请案""用户案卷号""申请号""发明创造名""提交时间"等。单击"操作"按钮还可对申请文件做修改和补正（在公告及实质性审查之前）。

2.3.6 提交证明文件

根据中国专利法及其实施细则、专利审查指南的规定，符合专利申请费减缴条款的企业或自然人，应当以原件形式提交相关的证明文件，如"企业所得税年度纳税申报表""个人年度收入情况表"，申请人也可以只提交其原件的电子扫描文件。

返回到"专利业务办理系统"页面，将鼠标置于"专利事务服务"上，系统显示在该页面下能够办理的业务名目，包括提交"证明文件和文件副本""费减备案"等。

2.3.7 专利申请费用的交缴及减免

国内企业法人或自然人申请中国专利,所需的费用主要是申请费,按照类别不同有所差别:发明专利900元/件、实用新型和外观设计专利为500元/件。

根据企业或自然人上年度的收益情况,还可以向国家知识产权局申请费用减缴。如果申请人在专利费用减缴范围之内,需要申请减免专利费用,在"专利事务服务"页面上,单击"费减备案",按照系统提示进行提交"证明文件和文件副本"的操作,提交相应证明文件(企业营业执照、上年度税务表、个人年度收入情况表等)。证明文件和文件副本上传提交成功后,国家局会指定你所勾选的费用减缴机构做审核,一般需要2个工作日后才能审核通过。

此处尤需注意,费用减缴申请手续务必在正式提交专利申请文件之前办理好。否则,在线填写专利请求书时,勾选"请求费减且已完成费减资格备案"后,提交时系统会提示"不同意减缴",也即本次申请不能获得费用减缴。

申请人申请专利费用减缴,每个年度(1月1日至12月31日)只需办理一次。已完成费减资格备案的,在当年的后续申请专利时,只需在线请求书时，勾选"请求费减且已完成费减资格备案"即可，系统会核对、默认通过。

现行的缴费标准是执行2020年版（详见书末附录）。电子DIY申请的专利费用交缴，可以直接向专利局收费处或专利局代办处面交，或通过银行或邮局汇付至指定银行账户。缴费人通过邮局或银行缴付专利费用时，应当在汇单上写明正确的申请号或者专利号，缴纳费用的名称可使用简称。汇款人应要求银行或邮局工作人员在汇款附言栏中录入上述缴费信息。通过邮局汇款的，还应当要求邮局工作人员录入完整通讯地址，包括邮政编码，这些信息在以后的程序中是有重要作用的。费用不得寄到专利局受理处！注意：缴纳申请费的日期最迟不得超过自申请日起两个月。

2.4　DIY电子申请文件上传的注意事项

未委托代理机构的电子DIY申请人或者申请人之一应当是有效的电子申请注册用户，并应当在请求书中填写作为提交电子申请的申请人用户代码。其他不作为电子申请提交人的申请人，即使是电子申请注册用户，也不需要填写其用户代码。（已委托代理机构的，可以不填写申请人的用户代码）

为了节省时间，减少相关通知书和回复函的往返折腾，建议在线填写"专利申请请求书"之前，事先在"专利事务服务系统"里办理好费用减缴请求事项；在线填写"专利申请请求书"时，勾选"发明专利请求提前公布声明""放弃主动修改的权利"和"实审请求"选项，以便专利受理处尽早推进审查程序。（参见国家知识产权局官网的"专利业务办理系统常见问题解答"和"专利业务办理系统用户使用常见技术问题及解答"）

申请人在提出电子申请时，请求费用减缓并按规定需要提交有关证明文件的，应当同时提交证明文件原件的电子扫描件。未提交电子扫描件的，视为未提交有关证明文件。

上传文件时，如果由于网络的原因，很久都上传不了时，可按F5键结束当前文件的上传操作，返回至上传前的页面状况，然后再单击"文件上传"。

第3章
化工领域专利申请文件的撰写案例及技巧

3.1 国家专利局规定的申请文件简介

三种不同类型专利的申请，由于各自的申请文件类型稍有不同，申请文件的模板也有所差异。在国家专利局2023年1月9日对专利业务办理系统进行升级之前，申请文件需要按照指定的标准模板进行编辑。升级后经网页端途径提交申请时，则不需要在标准模板上编辑了，在Word申请文档上事先编写好，然后直接进行"Ctrl+C"和"Ctrl+V"复制、粘贴操作就可以了。

国家知识产权局规定，申请发明专利时，需要提交的文件包括：专利申请请求书（电子申请时需要在线填写）、权利要求书、说明书、说明书摘要，说明书附图和摘要附图根据申请人对技术方案做快捷介绍的需求，可要或可不要。

发明专利申请获得受理后，后续需要提交的文件还有：费用减缴请求书、发明专利请求提前公布声明、实质审查请求书、补正书、意见陈述书等。其中费用减缴请求、发明专利请求提前公布声明、实质审查请求3项，可以在在线填写专利申请请求书时，通过勾选其对应的复选框确认，不必单独编辑这3种文件（以纸版文件途经申请时，必须要随其他申请文件一同提交或邮寄）。勾选后，进行实质审查所需的费用也要与申请费一起交缴，这样才能够让专利受理处尽快推进实质审查的程序。假如在线填写专利申请请求书时忘记或者没有做勾选，则需要提交请求书后，再填写和提交这3种文件。

申请实用新型专利时，需要提交的文件包括专利申请请求书（同样电子申请时是在线填写）、说明书、权利要求书、说明书附图和说明书摘要共5种。实用新型专利是对产品的形状、构造或者其结合所提出的实用新技术方案的保护，保护内容限定为产品形状、构造。实用新型专利不能要求保护技术方法以及没有固定形状的物质，申请文件必须包含说明书附图。因此，这里的说明书附图是必需的文件，说明书摘要是可要或可不要的。

外观设计专利需要在线填写外观设计专利请求书、外观设计的图片或者照片、外观设计简要说明。要求保护色彩的，还应当提交彩色和黑白的图片或者照片各一份。如需要对图片或照片说明，应当提交外观设计简要说明一式一份。这里的图片或者照片，指的是所要保护的外观设计的正视图、后视图、左视图、右视图、俯视图、仰视图。有时还需加上立体图。图样尺寸不得大于15cm×22cm，不得小于3cm×8cm。可以提交相片代替绘图。拍摄相片时须注意，物品必须置于单一颜色的背景上，除要求保护其外观设计的物品外，背景上不应出现其他物品。

3.2 专利申请文件的撰写案例简析

申请中国专利的文件一律使用汉字。外国人名、地名和科技术语如没有统一中文译文，应当在中文后的括号内注明英文或原文。申请人提供的附件或证明是外文的，应当附有中文译文。

申请文件中有附图的，应当用墨水和绘图工具绘制，或者用绘图软件绘制，线条应当均匀清晰，不得涂改。不得使用工程蓝图。实用新型申请文件中的附图允许使用高分辨率的照片代替。

化学化工领域的发明专利，从专利保护的角度出发，可以分为"产品发明"和"方法发明"两大类。

产品发明是指在化学工业及其相关产业上制备或使用的，其结构或形状得以改进的新的有形物体或者其组成或性质得以改进的新物质或新材料的发明。具体来说，产品发明可以细分为化学物质发明、组合物发明、药品发明、饮食品发明、农药发明、生物及生物制品发明、化工设备发明等。

方法发明包括化学产品的制备或制造方法的发明和一般性处理方法的发明。化学产品的制备或制造方法的发明指的是对原料或原材料进行了一系列加工，从而使其内部结构或组成、性质、用途甚至外部形状发生改变，得到一种与原料不同的新产品或已知产品的发明。这些制备方法包括：①合成法；②聚合法；③提取法；④生物培养方法；⑤制备法；⑥其他方法。一般性处理方法是指对原材料施加某种作用,但原材料组成本身不发生改变的方法。包括:①染色法;②纯化法;③增强法;④修饰法;⑤杂质测定法;⑥组成分析法。这些方法的"最终产品"不是上述任何一种化学产品,而是某些参数、操作流程或效果的集合。

在化学化工领域,还允许有"用途发明",是指发现了某种产品或方法的新的性质或功能,从而可以将其用于新的、非显而易见的技术领域的发明。当然,这种用途发明也可以采用产品发明或方法发明的形式来呈现。

3.2.1 发明专利申请文件的撰写案例

申请专利就是企业或个人对在科研或生产过程中所取得的技术成果,从技术、市场和法律层面进行剖析、整理、拆分和筛选,从而挖掘出其创新点。

深入发掘专利技术,可以全面掌握申请专利所具有的技术要点及关联技术,将技术成果专利化,从而全面、充分和高效地保护技术创新成果。化学化工领域提炼专利技术创新点的常见方法,一是从制备原理、使用的原辅材料成分等产品源头上发掘;二是改进产品的生产工艺,如加热与冷却、混合或分离处理、破碎或磨细、萃取过程与溶剂、分散乳化或造粒成型、功能激活等中间过程的创新凝练。

申请中国发明专利需要提交的文件,至少包括三种:权利要求书、说明书和说明书摘要。权利要求书是申请文件中最重要的部分,它提出和界定了该专利权的保护范围,是判断侵权或无效等审查结论的重要法律依据,也是授权之前审查员需要审查的重要内容。说明书是提出权利要求的依据,是对权利要求书的解释和说明,是获取该专利授权的必要技术信息基础。说明书摘要是对专利的总体概括,便于对该专利进行快捷检索。

如果专利内容比较简单,可以先撰写权利要求书,再根据权利要求撰写说明书,以防止权利要求得不到说明书的支持。专利内容比较复杂时,可以先列出权利要求的提纲,然后再根据提纲撰写说明书,同时补充提纲内容。完成权利要求书和说明书之后,最后总结专利内容,撰写摘要。

在本章"3.1 国家专利局规定的申请文件简介"里，说明了申请发明专利和实用新型时，两者所需要提交的文件种类具有类同性。因此，在"3.2.2 实用新型专利的撰写案例"一节中不再对实用新型专利申请文件的撰写做解析，只是原文展示案例的内容，特此说明。

（1）化工领域发明专利的权利要求书

在撰写权利要求书之前，首先要分析梳理该专利要求保护的主题的实质性内容，然后检索和查阅相近专利及现有公开技术文献，阅读并理解它们的实质技术内容，在对其进行分析研究的基础上，结合自己的专利申请，确定最密切相关的一个技术方案，再根据其解决的技术问题和所达到的技术效果，列出该主题的全部技术特征。

权利要求是以说明书为基础，用体现发明或者实用新型的技术手段的技术特征总和，构成所要求保护的技术方案。作为解释专利权保护范围的法律依据，每一项权利要求都确定了一个保护范围，该范围由记载在该权利要求中的所有技术特征来界定。

权利要求分为独立权利要求和从属权利要求。独立权利要求是从整体上反映该专利的技术方案，明确解决相关技术问题的必不可少的技术特征——必要的技术特征；独立权利要求的保护范围最宽、整体反映技术构思的技术方案。从属权利要求用于构建多层次的保护体系，从保护范围而言，从属权利进一步限定了独立权利要求，与独立权利要求之间构成层层递进的主从关系，给审查工作留出足够的补正修改余地。从属权利要求，是解决进一步的技术问题，属于非必要技术特征。

撰写权利要求时，应先撰写独立权利要求。根据《专利审查指南》的规定，独立权利要求由前序部分和特征部分构成。前序部分写明要求保护的主题名称以及与最接近的现有技术所共有的技术特征；特征部分通常使用"其特征是……"或类似用语，指明该专利申请区别于现有技术的技术特征，即，将共同特征写入前序部分，区别特征写入特征部分，例如："一种含磷三官能团液体脂环族环氧化合物制备方法，其特征是，它按以下步骤进行：（1）脂环族烯烃醇化物的合成：将二元醇与双环戊二烯……；（2）脂环族烃磷酸酯的合成：将脂环族烯烃醇化物与叔胺……；（3）含磷脂环族环氧化合物的合成：将脂环族烯烃磷酸酯与有机过氧酸……；所述溶剂为……；所述有机过氧酸为……；所得以双环戊二烯为原料合成含磷三官能团液体脂环族环氧化合物结构式为：……"。

撰写完独立权利要求之后再根据其内容撰写相应的从属权利要求。从属权利要求中应写入对创造性起作用的技术特征，将这些技术特征写入从属权利要求中，既可以增加申请取得专利权的可能性，又能在专利获得授权后更有力地维护专利权。

从属权利要求分为引用部分和限定部分，引用部分写明所引用的权利要求的编号及其主题名称；限定部分写明发明申请的附加技术特征。例如："一种含磷三官能团液体脂环族环氧化合物，其特征是……"。

另外，从属权利要求不仅能进一步限定独立权利要求特征部分的技术特征，还能进一步限定前序部分的技术特征，例如："根据权利要求1所述含磷三官能团液体脂环族环氧化合物的制备方法，其特征是，它的结构式为：……"。"根据权利要求3所述含磷三官能团液体脂环族环氧化合物，其特征是……"。

又如，"一种水性紫外光固化环氧丙烯酸酯接枝聚氨酯，其特征在于结构如下：……"。"权利要求1所述一种水性紫外光固化环氧丙烯酸酯接枝聚氨酯的制备方法，其特征在于，该方法包括如下步骤：步骤一：……"。"根据权利要求2或3中任意一项所述的一种水性紫外光固化环氧丙烯酸酯接枝聚氨酯的制备方法，其特征在于：合成环氧丙烯酸酯的反应采用的催化剂为有机胺（化合物的大类），……"。"根据权利要求2所述的一种水性紫外光固化环氧丙烯酸酯接枝聚氨酯的制备方法，其特征在于：合成环氧丙烯酸酯的反应采用的催化剂为多乙烯多胺（化合物的品种），……"。权利要求按从属关系逐条递进、细化。

撰写权利要求时尤须注意，不仅要保护范围尽可能的宽，还要平衡权利要求的范围与专利权稳定性的关系。也就是说，权利要求范围并非越宽越好，而是要涵盖在一个合理的范围。审查员在做实质性审查时，对于保护范围越宽的权利要求的专利，给予授权的概率越低，后续在无效宣告的请求程序中被"攻击"的可能性也越大；反之，提出的权利要求保护范围越窄，越容易获得授权，但是，用该权利要求进行技术维权时可能不能覆盖涉嫌的侵权产品。权利要求的提出还需要得到说明书的充分支持，使权利要求相对于背景技术具有新颖性和创造性。

所谓范围合理，指的是独立权利要求不包括与所要解决的技术问题无关的、不必要的技术特征，在保证具备新颖性的前提下，将多个实施例进行合理的上位概括，对涉及发明点的技术特征概括适当。

所谓布局合理，是指从属权利要求，层层递进保护。

（2）化工领域发明专利的说明书

发明专利说明书的撰写，要立足于阐明技术方案的"三性"：①不属于现有技术，同样的发明在本申请以前没有任何单位或者个人向专利行政部门提出过申请，并记载在申请日以后（含申请日）公布的专利申请文件或者公告的专利文件中（新颖性）；②相对于现有技术而言，本技术方案具有突出的实质性特点和显著的进步（创造性）；③能够制造或使用，并产生积极的效果（实用性）。

说明书通常包括技术领域、背景技术、发明内容、附图说明和具体实施方案五个部分。如果说明书里面没有附图，则不需要写"附图说明"。

专利发明的技术领域是指要求保护的技术方案所属或者直接应用的具体技术领域，是发现与提出技术问题的实用性所在，在《国际专利分类表》中可能被分入的最低位置。常用的撰写格式为："本发明涉及一种……"，或"本发明属于……"。例如：上述"一种含磷三官能团液体脂环族环氧化合物制备方法"，在《国际专利分类表》中最低的位置是"C07：有机化学[2006.01]"，可以归纳到"若无分设位置，则'制备'包括纯化、分离、稳定化或使用添加剂"，或者"在C07C至C07K小类中，采用最后位置规则，即在每一个等级结构中，若无相反的指示及下述的例外情况另当别论，化合物分入最后适当位置。例如，含1个无环链和1个杂环的2-丁基-嘧啶，只按杂环化合物分入C07D。一般在无相反指示时,例如C07C59/58、C07C59/70组，'无环的'及'脂族的'这些词，是用来描写无环化合物的；如果有环时，按'最后位置'规则，此化合物将纳入脂环族或芳族化合物较后边的组内，如果设有这样的组的话"。因此，该发明的技术领域部分可以撰写为"本发明涉及一种含磷脂环族环氧化合物的制备，特别是以双环戊二烯为原料制备的"。又如，"本发明涉及高分子材料技术领域，具体地说是指一种水性紫外光固化环氧丙烯酸酯接枝聚氨酯及其制备方法"。

发明的背景技术是指与该发明技术最接近的已有的技术文献。描述背景技术时，不仅要给出其出处，还应当简介其主要原理，并客观地指出其存在的问题，以使读者能够了解现有技术大体发展的状况以及该申请与现有技术之间的关系。

撰写形式一般分为三段：第一段简单地介绍该申请所属领域的总体现状；第二段给出具体的相关技术及出处，并简要概述其技术方案；第三段指出这些现有技术的不足，特别注意，这里不能做任何贬低性的评论。例如："随着全球对环境保护的日益重视和绿色化工技术的发展，紫外光固化技术越来越受到高分子材料界的追捧。紫外光固化是利用紫外光的能量，引发聚合体系中的低分子预聚体（或齐聚体）与作为活性稀释剂的单体分子之间聚合及交联反应得到固性材料的方法，实质上是通过形成化学键实现化学干燥。紫外光固化配方体系通常包括在紫外光照射激发下能够发生交联反应（固化）的低聚物、活性稀释单体、光引发剂以及成型工艺必需的各种助剂。其中，活性稀释单体多为有机低分子物质，不仅对皮肤有刺激性，而且它们的挥发也会造成对环境的污染。环氧丙烯酸酯以其机械性能高，耐化学品性能优异，以及生产成本低等优点被广泛用作紫外光固化材料的基料树脂。因此其水性化研究具有特别重要的实际意义。过去对环氧丙烯酸酯的改性着重于提高其水性化，结果是牺牲了其他某些性能，主要是固化速度降低、漆膜硬度低、耐水性差等，只能应用到一般的水性油墨等领域，从而限制了其应用范围。同时，聚氨酯-丙烯酸酯是一种性能优异的光敏预聚物树脂，在紫外光固化涂料中也占有重要的地位，但是其价格过于昂贵，因而目前仅用于高档木制家具、木地板饰面中。"

发明的内容是围绕本申请拟解决的技术问题、技术方案以及效果来编写。要解决的技术问题是指现有技术中存在的问题，还应提及该发明所取得的效果。对此部分的编写要求是，技术手段明确、技术方案完整。例如："本发明的目的在于，提供一种含磷三官能团液体脂环族环氧化合物制备方法。"技术方案必须与权利要求相对应：首先，应当撰写独立权利要求款项中所对应的技术方案，写明该发明的技术特征总和，再撰写各从属权利要求所对应的技术方案，写明该发明的附加技术特征。仍然以上述水性紫外光固化的聚氨酯专利申请文件为例，"本发明的目的之一在于针对现有技术的不足，而提供一种水性紫外光固化环氧丙烯酸酯接枝聚氨酯。本发明的目的之二在于提供了水性紫外光固化环氧丙烯酸酯接枝聚氨酯的制备方法。本发明的详细描述如下：一种水性紫外光固化环氧丙烯酸酯接枝聚氨酯，结构式如下：……"。

若权利要求中有多项独立权利要求，应描述它们之间的共同构思，体现出其属于一个总的发明构思，具有单一性。《专利法》中明确要求发明申请应具有"显著的进步"。申请文中全面详细客观地论述该发明所带来的有益效果，可以进一步解释所要保护的发明。在化学领域中一般采用与现有技术的实验对比，说明其有益效果的方法。说明技术效果时，应写出所有权利要求所对应技术方案产生的有益效果。参见本专利原申请文件说明书中的表1。

表1 实施例与比较例的产品参数

环氧化合物	实施例	比较例ERL-4221
玻璃化转变温度（℃）	—	156.5
最大热分解温度（℃）	316.8	317.5
热膨胀系数α_1（ppm/℃）	7.31×10^{-5}	6.76×10^{-5}
成碳率（%，500℃）	20.9	5.3
极限氧指数（LOI）	24.9	18.5

若该专利申请需要通过附图进行解释说明，则应当在给出附图的同时写明其名称，并简要说明其内容。在说明书里的导入语通常是这样的："下面结合附图1对本发明的具体实施方式作进一步详细地说明"。

具体实施方案是说明书的重要组成部分，它既是详细解释所发明的技术方案，又是对所提出的权利要求的支撑。让化学化工领域的技术人员不必通过创造性的实验，而直接根据申请文件所公开的内容就可以重复实现该结果。因此，说明书中至少应该对一个优选的技术方案做出足够详细的描述。

具体实施例的选择应考虑到权利要求，若权利要求中出现上位概括的技术特征时，应给出多个实施例，分别从该上位概念的不同下位概念来表述该技术特征。若权利要求中包括并列选择的技术特征时，针对每一组性质相近的并列选择的技术特征，至少应提供一个实施例。实施例的撰写目的是表明该技术方案的效果能够得到证明和确认。阐述的深度以本领域技术人员能够重现该实验为标准，列举实施例的数量则是以能够支持权利要求所覆盖的全部范围（下位至上位的区间）为考量。

若权利要求中包含数值范围的技术特征时，应给出该数值范围两个端值附近的实施例。若该数值范围较宽，还应至少给出一个中间值的实施例。这部分的通常写法是："具体实施方式：实施例1：一种水性紫外光固化环氧丙烯酸酯接枝聚氨酯，通过如下方法步骤制备而得：步骤一：环氧丙烯酸酯树脂的合成：在装有搅拌器、冷凝管、温度计的三口烧瓶中加入一定质量的环氧树脂、阻聚剂和催化剂，按环氧基与羧基当量比1∶1的比例加入丙烯酸，加热并搅拌。……"。"实施例2：一种水性紫外光固化环氧丙烯酸酯接枝聚氨酯通过如下方法步骤制备而得：步骤一：环氧丙烯酸酯树脂的合成：在装有搅拌器、冷凝管、温度计的三口烧瓶中加入一定质量的环氧树脂、阻聚剂和催化剂，按环氧基与羧基当量比1∶1的比例加入丙烯酸，加热并搅拌。……"。两个实施例的导入语可以完全相同，其工艺和技术参数上的差异在后面步骤的叙述中呈现，每个实施例针对某一组性质相近的并列选择的技术特征，各提供一个实验流程做出足够详细的描述。

为了表明本技术方案的明显效果，习惯上都要列举一些对比例与实施例做比较，阐述现有技术与本发明的差异程度。有时候还要介绍一些试验数据，与国家标准、本行业公认（或者默认）的现有领先技术或设计中的举例数据，使用前后的效果照片/图片做对比，以此来显示本专利技术的显著效果。以表格的方式展示这种对比不失为一种直观、简洁的方法。

(3) 化工领域发明专利的摘要

摘要是对说明书内容的概述,用以帮助读者在没有获得专利说明书的情况下快捷地了解发明内容,有利于专利信息的快速检索,促进专利信息的流通。与科技论文的摘要相似,专利的摘要需要简明地概括出说明书中各组成部分:所属技术领域、要解决的技术问题、采取的技术手段以及达到的技术效果。此外,我国知识产权局颁布的《专利审查指南》里规定,摘要的全文(包括标点符号)不能超过300字,也不能有附图;如果必要,可以另用一个"摘要附图"文件做补充。下面直接引用上述两个新结构化合物合成专利的摘要文字示例之。

"本发明为含磷的三官能团液体脂环族环氧化合物及制备方法。制备步骤是将催化剂滴加到双环戊二烯和二元醇的混合溶液中,升温至80~130℃反应3~10h,制得脂环族烯烃醇化物;在-10~20℃将三卤氧磷滴加到上述烯烃醇化物与叔胺的有机溶液中,反应10~18h,制得脂环族烯烃磷酸酯;再将其与过氧有机酸按照1.0∶3.3~9.0的摩尔比在-10~30℃反应10~36h,即得。它以双环戊二烯为原料,原料成本低廉、工艺简单、产率高。合成产物具有黏度低、阳离子光固化活性高、采用酸酐热固化后固化物玻璃化转变温度高、线膨胀系数小、阻燃能力较好等特点。"

"本发明涉及高分子材料技术领域,尤其涉及一种水性紫外光固化环氧丙烯酸酯接枝聚氨酯及其制备方法;该水性紫外光固化环氧丙烯酸酯接枝聚氨酯先经过环氧丙烯酸酯树脂的合成反应、烷基芳烃异氰酸酯与含伯羟基的不饱和化合物的半加成反应,然后再由环氧丙烯酸酯接枝氨酯及其水性化反应制备得到无色至淡黄自乳化透明水性体系,即为适用于水性涂料、油墨的可紫外光固化的聚氨酯改性环氧丙烯酸树脂;本发明具有耐化学品性能优异,生产成本低,固化速度快、漆膜硬度高、耐水性好的特点,可适应多个领域的应用。"

(4) 说明书附图及摘要附图

如果说明书里有附图,可以将其单列一个"说明书附图"文件,以便于审查员和读者快速了解其内涵。再者，也可以将说明书里的多个附图中，最能说明该发明的一幅，以"摘要附图"文件的形式单列展示，因为摘要文件里是不能有附图的。

3.2.2 实用新型专利的撰写案例

（1）化工领域实用新型的权利要求书

与上节发明专利的权利要求书的撰写思路一样，先在第1项独立权利要求里提出总的技术方案，然后以第2、3项等附属权利要求项对各个有关的技术细节提出保护的范围和特征。

1.一种分光光度计比色皿的简易集装悬浮器，其制作过程及构件（材料），包括密度大于水的支撑构件的制作，密度小于水的浮力构件的制作，强化传热通道的开凿，支撑构件与浮力构件之间的固定几个步骤。

2.如权利要求1所述，一种分光光度计比色皿的简易集装悬浮器，其中密度大于水的支撑构件的材质，可以选择为不锈钢、铝合金、镀锌铁板；尺寸范围在：长10～50cm，宽3～25cm，厚度0.5～2cm。

3.如权利要求1所述，一种分光光度计比色皿的简易集装悬浮器，其中密度小于水的浮力构件的材质，可以选择为泡沫塑料、木质泡花板、松散的软木板；截取尺寸与上述权力要求2中的支撑构件尺寸大小相匹配。

4.如权利要求1所述，一种分光光度计比色皿的简易集装悬浮器，其中提供浮力的构件，可以做"开窗"处理，以保证盛装样品液体后的比色皿在水浴中处于合适的浮沉高度，同时提高了样品液的传热（冷）通道，该通道的开口截面可以是三角形、长方形、矩形、（椭）圆形、不规则形状。

5.如权利要求1所述，一种分光光度计比色皿的简易集装悬浮器，其中支撑构件与浮力构件的固定方式（法），包括采用树脂胶黏剂、透明胶带、双面胶带胶接。

（2）化工领域实用新型的说明书

此处不再做普适性的导语说明，直接引用案例的说明书原文。

一种分光光度计比色皿的简易集装悬浮器

技术领域

本发明属于化学分析技术领域,涉及一种分光光度计比色皿的简易集装悬浮器,标的装置在进行多点、批量样品的分光光度检测中,具有减轻操作者观察比色皿水浴加热(或者冷却)状态、提高工作效率的明显效果。

技术背景

众所周知,在对某些化学物质进行特征结构确认和定性/定量分析工作中,经常需要使用紫外/可见/红外分光光度法,分光光度仪里有一个必不可少的器件就是比色皿。比色皿是用于分光光度分析实验中盛装测试液的。比色皿对光有折射、反射、漫反射和吸收作用,材质不同,厚薄不同,对光的透光率影响不同。

在运用分光光度法检测时,很多时候需要对样品(包括参比对照品)溶液进行水浴加热(或者冷却)处理,以实现对这类物质里某种化学特征结构的显色反应的精准强化。当需要检测的样品需要批量且条件一致性的操作时,水浴加热(或者冷却)处理的温度和时间的控制就显得比较重要。就此,引出了此种分光光度计比色皿的简易集装悬浮器发明的必要性和推动力。

发明内容

本发明推出了一种分光光度计比色皿的简易集装悬浮器,其目的是解决使用分光光度仪检测批量样品时,在其样品预处理过程中水浴加热(或者冷却)的温度和时间控制一致性问题。同时,让测试操作者以相对"轻松"的方式完成样品液的预处理。

本发明采用以下方案解决上述技术问题,包含但不限于如下要点,选择(或者自行加工)适宜材质、形状、大小、厚薄的支撑构件,在其内充填且固定轻质的材料提供"浮力"。并根据盛装样品液体后,比色皿在水浴液面合适的浮沉高度,对轻质材料做"开窗"处理,一方面保证比色皿在水浴中的浸没深度和状态稳定,另一方面通过"开窗通道"强化传热(冷)效率。

本发明具有以下有益效果：

1.制作该简易集装悬浮器的构件，其材质、形状、大小、厚薄可选范围宽，价格低廉且容易获得；

2.通过对构件材料的材质、形状、大小、厚薄的合理选择，特别是对其中轻质材料做适当的"开窗"处理，一方面可以保证盛装样品液体后的比色皿在水浴中始终处于合适的浮沉高度（浸没深度和状态稳定），另一方面也提高了样品液的传热（冷）效率；

3.对多个盛装样品液体后的比色皿采取"集束"同温、同时间段做预处理，保证了该"集束"内比色样液处理条件的一致性，减少了由于处理条件的不同可能带来的操作误差；

4.对多个比色皿采取"集束"预处理，减少了测试操作者的"劳动强度"，不必时刻"盯着"观察比色皿的状态，也无须随时担心和扶正比色皿发生的"歪斜"。

附图说明

图1为该分光光度计比色皿的简易集装悬浮器示意图，其中：

1—放置了8个比色皿的集装悬浮器图片；2—未放置比色皿的集装悬浮器图片。

具体实施方式

下面结合实施例对本发明的技术方案作进一步阐述。

实施例1

选择一片长22cm、宽4cm、厚0.5cm的不锈钢薄板，在长度方向上的5cm和17cm处分别折上成直角，再在其上折的3.5cm处往内折，紧贴到竖立的折片，形成集装悬浮器的支撑构件。裁剪截取两块长12.3cm、宽4cm、厚1.5cm的普通防震用聚苯乙烯泡沫片，在其上等间距挖开高1.8cm、宽1cm的"窗孔"6个。用不干胶胶带将上述开了孔的聚苯乙烯泡沫片粘贴固定在不锈钢支撑构件上，使两片聚苯乙烯（或聚氨酯）泡沫块片间距1cm。至此，分光光度计比色皿的简易集装悬浮器就算制作完成，这种尺寸结构的集装悬浮器内可以置放8个1cm×1cm的比色皿。

将需要检测的样品液倒入1cm×1cm的比色皿中，加入的液体量，一般控制样品液面位于比色皿的2/3高度处。利用聚苯乙烯泡沫片的可压缩膨胀性夹紧比色皿，使其在集装悬浮器上保持相对固定。将放置了比色皿的集装悬浮器转移到水浴容器里，该集装悬浮器在水浴中刚好能够保持"半沉半浮"状态，如同船只位于河流中，虽然会随着水浴液面的晃动而发生摇晃，但不会发生侧翻或"进水"。就此对"待检测液样品"进行加热或冷却处理，集装悬浮器内的多个比色皿的受热（冷）过程基本相同，温度和时间也基本一致，可以保证该"集装悬浮器"内比色样液处理条件的一致性，减少由于处理条件的不同可能带来的操作误差。由此，也减少了测试操作者的"劳动强度"，不必时刻"盯着"观察比色皿的状态，也无需随时担心和扶正比色皿发生的"歪斜"。

实施例2

选择一片长18cm、宽5cm、厚0.6cm的铝合金薄板，在长度方向上的5.2cm和13.4cm处分别折上成直角，再在其上折的3.5cm处往内折，紧贴到竖立的折片，形成集装悬浮器的支撑构件。裁剪截取两块长8.4cm、宽4cm、厚1.6cm的泡花板片，在其上凿错底边长1.2cm、腰边长2cm的等腰三角形"窗孔"7个（三角形的倒顺呈间隔布置）。用502胶将上述开了孔的泡花板片粘贴固定在铝合金支撑构件上，使两片泡花板片间距1.05cm。至此，分光光度计比色皿的铝/木质的集装悬浮器就制作完成了，这种尺寸结构的集装悬浮器内可以放4个1cm×1cm的比色皿。

将需要检测的样品液倒入1cm×1cm的比色皿中，加入的液体量，一般控制样品液面位于比色皿的1/2高度处。利用泡花板片的可膨胀性夹紧比色皿，使其在集装悬浮器上保持相对固定。将放置了比色皿的集装悬浮器转移到水浴容器里，该集装悬浮器在水浴中刚好能够保持"半沉半浮"状态。用该装置夹持，对"待检测液样品"进行加热或冷却处理，各比色皿内液体的受热（冷）过程基本相同，温度和时间也基本一致，从而减少操作误差，也减少了测试操作者的"劳动强度"。

比较例1

如果没有上述比色皿集装悬浮器，或者其他有效的捆绑措施，当需要同时对多个比色皿盛装的样品溶液进行水浴加热或冷却预处理时，测试人员务必时刻注意比色皿在水浴中的状态，随时担心和阻止比色皿发生"歪斜"，导致从比色皿上口进水，致使操作失败。如果采取捆扎成束的形式对多个比色皿进行组装，由于捆扎时务必紧促，比色皿壁之间紧贴在一起，务必会严重影响皿内液体与水浴的传热。

比较上述2个实施例和1个比较例，不难看出，采用本发明的技术方案制作该简易集装悬浮器，能够保障在提高样品液的传热（冷）效率的同时，使得盛装样品液体后的比色皿在水浴中始终处于合适的浮沉高度。对多个比色皿液体采取"集束"同温、同时间段做预处理，保证了样液处理条件的一致性，减少操作误差；还能够降低测试者的"劳动强度"，免除随时担心和扶正比色皿发生的"歪斜"。

……

（3）化工领域实用新型的摘要（本案例无摘要附图）

本发明公开了一种分光光度计比色皿的简易集装悬浮器，属于化学分析技术领域。其显著的益处是解决了使用分光光度仪检测批量样品时，在样品预处理过程中水浴加热（或冷却）的温度及时间一致性问题。其实现原理是，选择适宜（密度大于水）材质、形状、大小、厚薄的支撑构件，在其内充填且固定轻质的材料提供"浮力"。并根据盛装样品液体后，比色皿在水浴液面合适的浮沉高度，对轻质材料做"开窗"处理，一方面保证比色皿在水浴中的浸没深度和状态稳定，另一方面通过"开窗通道"强化传热（冷）效率。

（4）化工领域实用新型的说明书附图

《专利法》规定，"实用新型是指对产品的形状、构造或者其结合所提出的适用于实用的新技术方案"。因此，实用新型专利的申请文件里必须有"说明书附图"，如下所示。

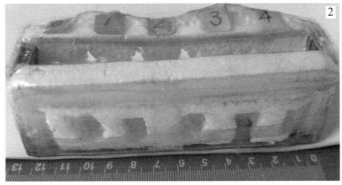

图 1

3.2.3 外观设计专利的撰写案例

（1）化工领域外观设计专利的图片或照片的编辑

编辑化工领域外观设计专利的图片或照片文件时，应选择某一个能够更全面显示该设计实体的平面（或者立向面）作为主视面，取其设计图或照片作为"正视图"（或者叫主视图）。以此面为基准，就能够确定该外观设计（物体）的后视面、左视面、右视面、俯视面、仰视面、立体轴视方向，其设计图或照片顺次称为后视图、左视图、右视图、俯视图、仰视图、立体轴视图。对于某些通过折叠方式形成的合围式包装物，还可以将其设计展开图引入申请文件中，能够更清楚地显示其成型原理。此处列举案例为"牙膏包装盒（蜂毒牙膏）"的相关图片。

外观设计图片或照片　　　　1/1页
CN 307382670 S

主视图

后视图

左视图

右视图

俯视图

仰视图

立体轴视图

展开图

（2）化工领域外观设计专利的简要说明

外观设计专利的简要说明，主要用来解释图片或者照片所表示的该产品的外观设计。应当包括下面这些内容：本外观设计产品的名称，外观设计产品的用途，外观设计产品的设计要点，指明其中某张最能表明设计要点的图片或照片用于登载到公开出版的专利公报上。

对于外观设计有保护色彩等事项请求的，在外观设计专利的简要说明里也需要写明，具体情形详见"外观设计简要说明"撰写的注意事项。本案例的简要说明如下：

1.本外观设计产品的名称：牙膏包装盒（蜂毒牙膏）。
2.本外观设计产品的用途：本外观设计产品用于包装牙膏。
3.本外观设计产品的设计要点：在于产品的整体设计与形状的结合。
4.最能表明本外观设计设计要点的图片或照片：立体图。
5.本外观设计产品要求：保护设计作品的色彩。

3.3 专利申请文件的撰写技巧

3.3.1 在线填写发明请求书的技巧

撰写发明专利、实用新型或外观设计申请文件后，通过网页端途径提交文件时，需要在线填写发明请求书或实用新型请求书或外观设计请求书，三种类型的请求书格式和内容基本类同。

由于发明专利在审查程序上多一道"实质审查"，为了尽快进入实质审查阶段，在线填写发明请求书时的实用技巧是，在网页上需勾选"实质审查请求"以及"提前公布声明""放弃主动修改权"的复选框，并在缴费时将"发明专利申请实质审查费"一并交缴。我们申请专利，肯定是想早日获得授权，也就需要尽早进入实质审查程序。但如果填写请求书时，没有勾选这3条，专利受理处就需要通过给申请人发相应的征询通知书，等待申请人的回复，得到肯定的回复和缴费后才安排进行实质审查。即使是电子文档传输快捷，也至少需要一周的时间。发明专利申请实质审查费也是不能节省的。这些也是编著者早期申请（包括请中介公司代理）时曾经"踩过的坑"。

3.3.2 发明专利申请文件的撰写技巧

(1) 化工领域发明专利的权利要求书

《专利法实施细则》中明确,专利授权的"要件"是:技术方案的新颖性、创造性、保护客体、公开充分。保护客体的三要素是:权利要求所解决的问题是技术问题,所采用的手段是技术手段,获得的效果也是技术效果。在对申请文件做实质性审查时,是以说明书为依据,对权利要求书中清楚、简要地限定要求专利保护的范围,即对各项独立的以及附属的权利要求具有的技术属性(新颖性、创造性、实用性)逐一做甄辨审查。

① 权利要求中通常不能有插图和表格。

② 引用多项从属权利要求只能以择其一的方式引用在前的一项独立权利要求。

例如:"1.一种化学合成及精馏用填料塔塔节,包括顶端设有蒸汽逸出口(1),底端设有蒸汽上升口(2)的塔体(8),其特征在于,塔体(8)内设有对上升蒸汽起均匀分配作用的上升蒸汽分配器(3);塔体(8)一侧上部有溢流进管(4),该溢流进管(4)下部为位于塔体(8)内的U形液体封头(9);塔体(8)另一侧的下部设有溢流出管(5),该溢流出管(5)上部位于塔体(8)内;所述塔体(8)的一侧的中间部位设置一个开口方向与竖直方向成α角的填料装卸口(6),所述α为10°~80°,所述填料装卸口(6)内置有测温仪(7)。"

下面引入其"说明书附图"做说明,图1是单个塔节的结构示意图,图2是两个塔节间的组装示意图。

"2.根据权利要求1所述的填料塔塔节,其特征在于,所述溢流进管(4)位于塔体(8)内的高度为5~100mm,溢流出管(5)位于塔体(8)内的高度为5~100mm。"

"3.根据权利要求1所述的填料塔塔节,其特征在于,所述蒸汽逸出口(1)和蒸汽上升口(2)的内径大于溢流进管(4)和溢流出管(5)的内径。"

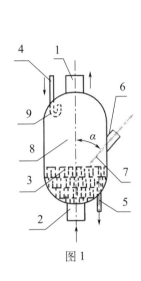
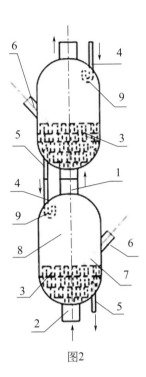

图1　　　　　　　　图2

"4.根据权利要求1所述的填料塔塔节,其特征在于,所述上升蒸汽分配器(3)为不锈钢丝网和填料的组合体。"

③ 权利要求的指征性要清楚。

权利要求的指征性应当清楚,其主体名称应当能够清楚地反映出该项权利要求是保护产品还是保护方法。例如:"一种(物品名称)"保护的是产品;而"一种(物品或装置名称)的制备方法"保护的是方法;如果以"一种(物品或装置名称)的技术"会导致权利要求的指征类型模糊,因为"技术"既可以指产品,又可以指方法,从而使得权利要求的保护类型不清楚。

④ 权力要求不能有模糊语句。

权力要求的范围要具体,不能出现"大概、差不多、也许、左右"这样的不确定性词语。如果的确是不确定的,应该给出一个范围,比如"参数范围1～10",而不能是"参数设定在5左右"。在专利中出现公式时,需要对公式的每个变量都进行说明,参数是设定在一个范围的;在后面的说明部分应通过具体的参数值进行说明支撑，注意所给的参数值一定要在前面所设定的范围内。

在用词方面，词语要求专业化，给出的结论性内容要明确。在进行实例说明时，需要按照前面的步骤来进行，内容与前面的权力要求相同，但描写语句需要改变，实例要具体。在具体实例中所采用的核心方法和结果要进行体现，取得什么样的效果进行说明，如果有具体的数据支撑会更好。

对发明专利说明书的遣词造句要求也是不能有模糊语句。

（2）化工领域发明专利的说明书

发明专利的说明书是用来支撑专利技术的新颖性、创造性、实用性和公开充分的，实质性审查以及后续申请人对审查意见的答复陈述都需要在说明书中找到依据，应当尽可能地介绍全面、详细和突出技术特征。

此处原文引用"一种化学合成及精馏用填料塔塔节"的说明书（产品型专利）做例析。

技术领域

本发明涉及一种化学合成及精馏用填料塔塔节，属于化学反应工程与分离工程领域。

背景技术

在现代化学工业中，反应与精馏单元过程越来越注重连续式操作，它不仅有利于提高和稳定产品质量，对简化操作、降低物料和能源消耗也有着重要的作用。目前在实验室里通常是用层析柱或刺形蒸馏柱来模拟填料塔的这种过程，但这种模拟自身存在很大的局限性和误差，如对汽液两相流体通道的分布、塔层间温度的了解极为有限，仍属于"黑匣子"。因而，对于这类过程的工业放大，往往是理论与试验脱节，多是参照其他模型或经验进行，给后期试车及工艺定型留下巨大的摸索工作量。

现有的工业精馏塔主要包括塔体和多层塔板，它只能检测某几个塔板的反应温度，而无法同时检测各层塔板的实时温度，对全面了解精馏塔中的反应进程存在障碍，属于"黑匣子"。因此如何通过实验室手段模拟工业用精馏塔所需塔板数以及各塔板的反应温度，实现对精馏塔内化学反应或精馏过程的分节（板）了解，并对用于指导后续的工业放大设计和应用具有重要的参考价值。

发明内容

针对现有实验室里用层析柱或刺形蒸馏柱模拟填料塔，在进行工业放大时理论与试验脱节的缺陷，本发明旨在提供一种可以模拟化学合成及精馏用填料塔塔节，它相当于一块实际塔板，可模拟连续式反应器和精馏塔塔板间的能量和质量传递过程，从而实现对塔器内化学反应或精馏过程的分节（板）进行模拟和了解。

为了实现上述目的，本发明所采用的技术方案是：一种化学合成及精馏用填料塔塔节，包括顶端设有蒸汽逸出口，底端设有蒸汽上升口的塔体，其结构特点是，塔体内设有对上升蒸汽起均匀分配作用的上升蒸汽分配器；塔体一侧上部有溢流进管，该溢流进管下部为位于塔体内的U形液体封头；塔体另一侧的下部设有溢流出管，该溢流出管上部位于塔体内。

所述塔节的一侧的中间部位设置一个开口方向与竖直方向成α角的填料装卸口，所述α为10°～80°，所述填料装卸口内置有测温仪，以便准确监测该塔节内的温度。

所述溢流进管位于塔体内的U形液体封头的高度为5～100mm，溢流出管位于塔体内的高度为5～100mm，保障溢流进管和液流出管内有足够的液柱高度足以阻止蒸汽经过该溢流进管短路上升。

所述蒸汽逸出口和蒸汽上升口的内径大于溢流进管和溢流出管的内径。

所述上升蒸汽分配器优选为不锈钢丝网和填料的组合体。

本发明的工作原理：利用化工过程的热量、质量传递与守恒原理，参照化学工业生产中的填料塔装置之结构，用玻璃、透明的树脂材料、不锈钢等材料制作实验室用的小型"塔节"，实现塔板结构的微型化模拟。

工作前，将多个塔节装配完毕，保证所述该塔节的溢流进管与上一塔节的溢流出管对接连通，且该塔节的蒸汽逸出口与上一塔节的蒸汽上升口对接连通。当连续式化学反应或精馏过程在塔器装置中进行时，蒸汽从下一个塔节上部的蒸汽逸出口通过本塔节下部的蒸汽上升口进入本塔节，经过不锈钢丝网和填充其上的填料所组成的上升蒸汽分配器的分配与导向，穿过液层，同时实现汽液两相的质量与热量传递。同样塔节内聚集的液体经过设在下部的溢流出管下落至下一个塔节的溢流进管中，再进入下一塔节内。通过溢流进出管的分侧设置来限制液体在塔节中的流动路径，由其高度和结构来阻止蒸汽通过溢流进管和溢流出管而可能发生的"短路上升"。

与现有的层析柱或刺形蒸馏柱相比，本发明所达到的技术效果是：

1.模拟仿真效果更好。本发明能更逼真地模拟填料塔内塔板上蒸汽和液体的流通过程，分塔板逐一监测各塔节物料温度，根据塔板效率的不同可以用有限个"塔节"竖直串联组合来完成连续式反应或精馏过程。塔节数相当于工业装置中的塔板数，应用于工业装置的设计、放大时更贴切、更有效。

2.试验数据更可靠。利用本发明做精馏实验，能够为工业设计和放大该实验室小试过程时提供可信度更高的试验数据，从根本上摆脱以往精馏塔的工业设计时没有试验数据，完全依赖经验和参照其他精馏塔数据的困扰。

附图说明

下面结合附图和实施例对本发明作进一步说明。

图1是本发明所述填料塔塔节的结构示意图；

图2是本发明所述填料塔多个塔节的装配示意图。

图中：1—蒸汽逸出口；2—蒸汽上升口；3—上升蒸汽分配器；4—溢流进管；5—溢流出管；6—填料装卸口；7—测温仪；8—塔体；9—U形液体封头。

具体实施方式

一种化学合成及精馏用填料塔塔节，参照图1所示，顶端设有蒸汽逸出口1，底端设有蒸汽上升口2的塔体8，设在塔体8内可对上升蒸汽起分配和导向作用的上升蒸汽分配器3，该上升蒸汽分配器3优选为不锈钢丝网和填料的组合体。所述塔体8一侧上部还设有溢流进管4，该溢流进管4下部为位于塔体8内的U形液体封头9，其高度为5～100mm；塔体8另一侧的下部设有溢流出管5，该溢流出管5上部位于塔体8内，其高度为5～100mm，可保障溢流进管和液流出管内有足够的液柱高度来阻止蒸汽经过该溢流进管和液流出管短路上升。

所述蒸汽逸出口1和蒸汽上升口2的内径大于溢流进管4和溢流出管5的内径，为2～100mm。

所述塔体8的一侧的中间部位设置一个开口方向与竖直方向成α角的填料装卸口6，所述α角为10°～80°，优选为45°。所述该填料装卸口6内径8～300mm，且在填料装卸口6内设置有测温仪7，以便准确测量该塔节内的温度。

本装置的构造材料优选为玻璃、透明的树脂材料或不锈钢，其整体高度为50～600mm，装置内径为50～600mm。

如图2所示，工作前，将多个塔节装配完毕，保证所述该塔体8的溢流进管4与上一塔节的溢流出管5对接连通，且该塔体8的蒸汽逸出口1与上一塔节的蒸汽上升口2对接连通，其中塔节间连接管口的总高度为20～160mm。

当连续式化学反应或精馏过程在塔器装置中进行时，蒸汽从下一个塔节上部的蒸汽逸出口1通过本塔节下部的蒸汽上升口2进入本塔节，经过不锈钢丝网和填充其上的填料所组成的上升蒸汽分配器3的分布与导向，穿过液层，同时实现汽液两相的质量与热量传递。同样塔节内聚集的液体经过设在下部的溢流出管5下落至下一个塔节的溢流进管4中，再进入下一塔节内。

化工领域发明专利的另一种主要类型是"保护方法"的，此处也全（原）文引用"一种水性聚氨酯-聚丙烯酸酯复合胶乳的制备方法"的"说明书"再做示例介绍。

技术领域

本发明提出一种水性聚氨酯-聚丙烯酸酯复合胶乳的制备方法，它是由水性聚氨酯和水性聚丙烯酸酯两种成分经过化学复合而成，涉及聚合物与/或材料的合成技术领域。

技术背景

出于对环境保护和可持续发展与人类健康的需要，水性聚氨酯已经广泛应用于涂料等领域。水性聚氨酯成膜后能够呈现出优异的弹性、耐摩擦性和耐低温性，但是其耐水性和抗化学性能较差。为了改善水性聚氨酯的耐水性和抗化学性能，通常的做法是把它们与聚丙烯酸酯混合，这是因为聚丙烯酸酯具有优异的耐候性、耐水性和耐化学性，同时聚丙烯酸酯的价格相对较便宜。但是，由于这两种聚合物的相容性较差会出现宏观相分离，简单地将这两种不同聚合物分散液混合将导致膜的性能变差。解决这两种不同聚合物不相容的方法是把丙烯酸或者乙烯基聚合物引入或者接枝到水性聚氨酯链中，使得这两种不同聚合链紧密地结合在一起而形成一种复合乳胶，同时能够充分发挥聚氨酯和聚丙烯酸酯各自的特性。合成交联型复合乳胶的路线有很多，比如种子乳液聚合、互穿网络聚合、交叉耦合以及聚氨酯在聚丙烯酸酯链上的接枝共聚。种子乳液聚合是把水性的聚氨酯作为丙烯酸类单体聚合的种子相，通过乳液聚合，把聚丙烯酸酯接枝到聚氨酯链上。这种合成路线的先决条件是聚氨酯能够乳化成稳定的胶体颗粒，然后丙烯酸类单体能够在水性聚氨酯内进行溶胀并发生乳液聚合。通过这种办法最后能够得到交联型PUA复合乳胶。相对于其他方法，种子乳液聚合法操作简便并已经广泛应用于工业生产中。现有的水性油墨用乳液一方面是水溶解性不够好，另一方面，很多乳液是外加表面活性剂乳化的，乳液稳定期只有半年左右，而且外加表面活性剂不能成膜（参与黏附作用），影响油墨的附着力和耐湿擦。

发明内容

本发明的目的在于，提出一种水性聚氨酯-聚丙烯酸酯复合胶乳的制备方法，本发明旨在解决现有的水性油墨用乳液一方面是水溶解性不够好；另一方面，很多乳液是外加表面活性剂乳化的，乳液稳定期只有半年左右，而且外加表面活性剂不能成膜，影响油墨的附着力和耐湿擦问题。

本发明采用了以下技术方案：

一种水性聚氨酯-聚丙烯酸酯复合胶乳的制备方法，其包括以下步骤：步骤A：合成乙烯基封端型水性聚氨酯；步骤B：利用乙烯基封端型水性聚氨酯合成水性聚氨酯-聚丙烯酸酯复合乳胶，其中，所述步骤A具体包括：

步骤A1：将端羟基聚醚、二羟甲基丙酸和1,4-丁二醇混合并溶于有机溶剂中形成混合溶液；

步骤A2：于40～65℃下将催化剂、二异氰酸酯化合物和丙酮滴入混合溶液中；

步骤A3：滴加完毕后升温到65～95℃，并在此温度下反应3～5h，制得二异氰酸酯封端型聚氨酯；

步骤A4：向二异氰酸酯封端型聚氨酯中加入乙烯类单体，在60～80℃下继续进行反应1.5～2.5h，得到乙烯基封端型聚氨酯；

步骤A5：在30～50℃下，用三乙胺中和乙烯基封端型聚氨酯，反应在15～30min内完成；

步骤A6：加入一定量蒸馏水到被中和的乙烯基封端型聚氨酯中，在室温下高速分散30～60min得到乙烯基封端型水性聚氨酯。

所述的水性聚氨酯-聚丙烯酸酯复合胶乳的制备方法，其中，所述步骤B具体包括：

步骤B1：采用半连续乳液聚合法，将乙烯基封端型水性聚氨酯与计算称量好的丙烯酸酯类单体混合并搅拌进行预乳化得到预乳化物；

步骤B2：取步骤B1中得到的预乳化物重量份的8%～10%和8%～10%重量份的引发剂加入反应器中，通N_2保护，在60～85℃下反应15～30min，所述引发剂为过硫酸钾，引发剂总用量为所有参加聚合反应的单体的重量的1%～3%；

步骤B3：把剩余的预乳化物和过硫酸钾分别加入反应器中反应3～5h，得到水性聚氨酯-聚丙烯酸酯复合胶乳。

所述的水性聚氨酯-聚丙烯酸酯复合胶乳的制备方法，其中，所述端羟基聚醚为聚乙二醇1000、聚丙二醇1000或聚四氢呋喃醚1000。

所述的水性聚氨酯-聚丙烯酸酯复合胶乳的制备方法，其中，所述有机溶剂为极性溶剂，选用丙酮、*N,N*-二甲酰胺或*N*-甲基吡咯烷酮，有机溶剂用量为加入有机溶剂之前所用的全部原料的重量和的10%～15%。

所述的水性聚氨酯-聚丙烯酸酯复合胶乳的制备方法，其中，所述催化剂为钛酸丁酯、二月桂酸二丁基锡或钛酸四异丙酯，催化剂的用量为二异氰酸酯重量的0.5%～1%。

所述的水性聚氨酯-聚丙烯酸酯复合胶乳的制备方法，其中，所述二异氰酸酯化合物为甲苯二异氰酸酯或异佛尔酮二异氰酸酯。

所述的水性聚氨酯-聚丙烯酸酯复合胶乳的制备方法，其中，所述乙烯类单体为苯乙烯、甲基丙烯酸甲酯、甲基丙烯酸乙酯、丙烯酸甲酯或丙烯酸丁酯。

所述的水性聚氨酯-聚丙烯酸酯复合胶乳的制备方法，其中，所述三乙胺的添加量以使中和后体系的pH值为6～7为标准。

所述的水性聚氨酯-聚丙烯酸酯复合胶乳的制备方法，其中，所述乙烯基封端型聚氨酯的结构式如下：

$$CH_2=CH-\overset{O}{\overset{\|}{C}}-O-(CH_2)_2-\overset{O}{\overset{\|}{C}}-O\sim R_1-NH-\overset{O}{\overset{\|}{C}}-O-R_2-O-\overset{O}{\overset{\|}{C}}-NH-$$

$$\overset{O}{\overset{\|}{C}}-NH-R_1-NH-\overset{O}{\overset{\|}{C}}-O-\overset{COOH}{\overset{|}{C}H}-CH_2-O-\overset{O}{\overset{\|}{C}}-NH-R_1-O-\overset{O}{\overset{\|}{C}}-NH-R_1-$$

$$O\sim R_1-NH-\overset{O}{\overset{\|}{C}}-O-(CH_2)_4-O-\overset{O}{\overset{\|}{C}}-NH-R_1\sim O-\overset{O}{\overset{\|}{C}}-(CH_2)_2-O-\overset{O}{\overset{\|}{C}}-CH=CH_2$$

式中，R_1为 ![toluene] 或 ![isophorone] ；R_2为聚乙二醇1000与/或聚丙二醇1000与/或聚四氢呋喃醚1000。

所述的水性聚氨酯-聚丙烯酸酯复合胶乳的制备方法，其中，所述水性聚氨酯-聚丙烯酸酯复合胶乳呈核/壳型结构，复合胶粒的壳质为聚氨酯，核为聚丙烯酸酯。

与现有技术相比，本发明具有如下显著效果：

它利用合成的水性聚氨酯作为丙烯酸酯类单体进行乳液聚合的乳化剂和

种子相，将聚丙烯酸酯分子链通过化学键引入到水性聚氨酯的分子结构中，制备出核壳结构的水性聚氨酯-聚丙烯酸酯复合胶乳，该方法可供选择的丙烯酸酯类单体范围大、价格低廉、合成反应简单、易于制备两种聚合物的复合结构。

具体实施方式

为使本发明的目的、技术方案及优点更加清楚、明确，以下参照实施例对本发明进一步详细说明。

本发明提供的水性聚氨酯-聚丙烯酸酯复合胶乳制备方法按以下步骤进行：

步骤A：合成乙烯基封端型水性聚氨酯，其具体方法为：

步骤A1：将端羟基聚醚、二羟甲基丙酸和1,4-丁二醇混合并溶于有机溶剂中形成混合溶液；

其中，所述端羟基聚醚、二羟甲基丙酸和1,4-丁二醇的量是根据端羟基聚醚的分子量实时测量数据确定的。所述端羟基聚醚为聚乙二醇1000或聚丙二醇1000、聚四氢呋喃醚1000。所述有机溶剂为极性溶剂，选用丙酮或N,N-二甲酰胺、N-甲基吡咯烷酮，有机溶剂用量为加入有机溶剂之前所用的全部原料的重量和的10%~15%。

步骤A2：于40~65℃下将催化剂、二异氰酸酯化合物和丙酮滴入混合溶液中；

其中，所述催化剂、二异氰酸酯化合物和丙酮的量按照催化剂及二异氰酸酯在丙酮中的溶解度实时决定，其滴入混合溶液的速度要慢，一边滴一边观察。所述催化剂为钛酸丁酯、二月桂酸二丁基锡、钛酸四异丙酯，催化剂的用量为二异氰酸酯重量的0.5%~1%。所述二异氰酸酯化合物为甲苯二异氰酸酯（TDI）或异佛尔酮二异氰酸酯（IPDI）。

步骤A3：滴加完毕后升温到65~95℃，并在此温度下反应3~5h，制得二异氰酸酯封端型聚氨酯；

步骤A4：向二异氰酸酯封端型聚氨酯中加入乙烯类单体，在60～80℃下继续进行反应1.5～2.5h，得到乙烯基封端型聚氨酯；

其中，所述乙烯类单体为苯乙烯、甲基丙烯酸甲酯、甲基丙烯酸乙酯、丙烯酸甲酯或丙烯酸丁酯，甲基丙烯酸-β-羟乙酯。按照对乳液的分子量要求以及成膜附着性能调整甲基丙烯酸-β-羟乙酯的添加量。

步骤A5：在30～50℃下，用三乙胺中和乙烯基封端型聚氨酯，反应在15～30min内完成；

其中，所述三乙胺的添加量是以使中和后体系的pH值为6～7为标准。

步骤A6：加入一定量蒸馏水到被中和的乙烯基封端型聚氨酯中，在室温下高速分散30～60min得到乙烯基封端型水性聚氨酯。

其中，添加的蒸馏水的量是按照设定的乳液浓度的40%～50%来计算加水量。所述乳液浓度指当前生产批次所要求的乳液含固量（简称浓度）。

步骤B：利用乙烯基封端型水性聚氨酯合成水性聚氨酯-聚丙烯酸酯复合乳胶，其具体方法为：

步骤B1：采用半连续乳液聚合法，将乙烯基封端型水性聚氨酯与计算称量好的丙烯酸酯类单体混合并搅拌进行预乳化得到预乳化物；

步骤B2：取步骤B1中得到的预乳化物重量份的8%～10%和8%～10%重量份的引发剂加入反应器中，通N_2保护，在60～85℃下反应15～30min，所述引发剂为过硫酸钾，引发剂总用量为单体重量的1%～3%；所有参加聚合反应的单体包括丙烯酸酯类、端羟基聚醚、二羟甲基丙酸、二异氰酸酯等；

步骤B3：把剩余的预乳化物和过硫酸钾分别加入反应器中反应3～5h，得到乳白色的稳定复合乳液，即水性聚氨酯-聚丙烯酸酯复合胶乳。

其中，所述预乳化物和过硫酸钾的加入方法为成滴状或者细线流状加入反应器中。所述水性聚氨酯-聚丙烯酸酯复合胶乳的最终分散介质为去离子水，且可用水稀释调节浓度（黏度）。

所述乙烯基封端型聚氨酯的结构式如下：

$$CH_2=CH-\overset{O}{\overset{\|}{C}}-O-(CH_2)_2-\overset{O}{\overset{\|}{C}}-O\sim R_1-NH-\overset{O}{\overset{\|}{C}}-O-R_2-O-\overset{O}{\overset{\|}{C}}-NH-$$

$$\overset{O}{\overset{\|}{C}}-NH-R_1-NH-\overset{O}{\overset{\|}{C}}-O-\overset{COOH}{\overset{|}{CH}}-CH_2-O-\overset{O}{\overset{\|}{C}}-NH-R_1-O-\overset{O}{\overset{\|}{C}}-NH-R_1-$$

$$O\sim R_1-NH-\overset{O}{\overset{\|}{C}}-O-(CH_2)_4-O-\overset{O}{\overset{\|}{C}}-NH-R_1\sim O-\overset{O}{\overset{\|}{C}}-(CH_2)_2-O-\overset{O}{\overset{\|}{C}}-CH=CH_2$$

式中, R_1 为 [图] 或 [图] ; R_2 为聚乙二醇1000与/或聚丙二醇1000与/或聚四氢呋喃醚1000。

所述水性聚氨酯-聚丙烯酸酯复合胶乳呈核/壳型结构,复合胶粒的壳质为聚氨酯,核为聚丙烯酸酯。

以下通过9个实施例对本发明作进一步解释,但本发明并不限于这些举例的技术参数和过程。

1. 乙烯基封端型水性聚氨酯(VLWPU)的制备实施例

表1 制备乙烯基封端型水性聚氨酯用原料(重量份)

实施例	1#	2#	3#	4#	5#
聚丙二醇(PPG 1000)	9.05	10.07	9.0	8.0	7.65
二羟甲基丙酸(DMPA)	0.68	0.45	0.55	0.78	0.78
1,4-丁二醇(1,4-BD)	0.35	0.33	0.28	0.3	0.25
甲基吡咯烷酮(NMP)	1.8	1.8	1.8	1.8	1.8

续表

实施例	1#	2#	3#	4#	5#
异佛尔酮二异氰酸酯（IPDI）	4.65	4.5	4.52	4.52	4.52
二月桂酸二丁基锡（DBTDL）	0.2	0.2	0.2	0.2	0.2
丙酮	5.0	5.0	5.0	5.0	5.0
甲基丙烯酸羟乙酯（HEMA）	0.81	0.65	0.7	0.8	0.77
三乙胺（TEA）	0.56	0.42	0.48	0.6	0.68
去离子水	50.0	50.0	50.0	50.0	50.0

制备过程如下：

实施例1：乙烯基封端型水性聚氨酯（VLWPU）的典型合成在一个装有温度计、机械搅拌器及冷凝管（顶端连有干燥管）的250mL四口烧瓶中进行。

首先在室温下把PPG 1000（9.05g）、DMPA（0.68g）和1,4-BD（0.35g）加入烧瓶中。随后加入NMP（1.8g）搅拌直至得到均匀体系。升温到60~90℃，然后在30~60min内逐滴加入IPDI（4.65g）、DBTDL（3~5滴）和丙酮（5.0g）组成的混合液，持续反应3~5h，得到异氰酸酯封端的聚氨酯预聚物（NCO-PU）。再向其中加入HEMA（0.81g），在60~80℃下继续反应1.5~2.5h，得到乙烯基封端型聚氨酯（VLPU）。随后降温至30~50℃下，用TEA（0.56g）中和VLPU，反应在15~30min内完成。最后，缓慢加入蒸馏水（50g）到被中和的聚氨酯中，在室温下高速分散30~60min得到羧基含量为5%的乙烯基封端型水性聚氨酯。

依据上述配方制备的VLWPU为半透明泛蓝光乳液，乳胶粒粒径较小且黏度不大。经IR（KBr）测试：$\nu=3330cm^{-1}$，$2958cm^{-1}$，$2847cm^{-1}$，$2268cm^{-1}$，$1727cm^{-1}$，$1650cm^{-1}$，$1110cm^{-1}$。

实施例2：在室温下把PPG 1000（10.07g）、DMPA（0.45g）和1,4-BD

(0.33g)加入烧瓶中。随后加入NMP（1.8g）搅拌直至得到一个均匀体系。这时把温度上升到60～90℃，然后在30～60min内逐滴加入IPDI（4.5g）、DBTDL（3～5滴）和丙酮（5.0g）的混合液，反应在油浴搅拌条件下进行3～5h，得到异氰酸酯封端的聚氨酯预聚物（NCO-PU）。这时，加入HEMA（0.65g），反应在60～80℃下继续进行1.5～2.5h，得到了乙烯基封端型聚氨酯（VLPU）。其次，在30～50℃下，用TEA（0.42g）中和VLPU，反应在15～30min内完成。最后，缓慢加入蒸馏水（50g）到被中和的聚氨酯中，在室温下高速分散30～60min得到羧基含量为3%的乙烯基封端型水性聚氨酯（VLWPU）。实施例2所制备的VLWPU为乳白色乳液，乳胶粒粒径较大且容易沉淀不稳定。

实施例3：常温下把PPG 1000（9g）、DMPA（0.55g）和1,4-BD（0.28g）加入烧瓶中。随后加入NMP（1.8g）搅拌直至得到一个均相体系。这时把温度上升到60～90℃，然后在30～60min内逐滴加入IPDI（4.52g）、DBTDL（3～5滴）和丙酮（5.0g）的混合液，反应在油浴搅拌条件下进行3～5h，得到异氰酸酯封端的聚氨酯预聚物（NCO-PU）。这时，加入HEMA（0.7g），反应在60～80℃下继续进行1.5～2.5h，得到了乙烯基封端型聚氨酯（VLPU）。其次，在30～50℃下，用TEA（0.48g）中和VLPU，反应在15～30min内完成。最后，缓慢加入蒸馏水（50g）到被中和的聚氨酯中，在室温下高速分散30～60min得到羧基含量为4%乙烯基封端型水性聚氨酯（VLWPU）。由此得到的VLWPU为乳白色稍微泛蓝光乳液，乳胶粒粒径较大。

实施例4：与前面几个实施例的程序相同，首先在室温下把PPG 1000（8g）、DMPA（0.78g）和1,4-BD（0.3g）加入烧瓶中。随后加入NMP（1.8g）搅拌直至得到一个均相体系。这时把温度上升到60～90℃，然后在30～60min内逐滴加入IPDI（4.52g）、DBTDL（3～5滴）和丙酮（5.0g）的混合液，反应在油浴搅拌条件下进行3～5h，得到异氰酸酯封端的聚氨酯预聚物（NCO-PU）。这时，加入HEMA（0.8g），反应在60～80℃下继续进行1.5～2.5h，得到了乙烯基封端型聚氨酯（VLPU）。其次，在30～50℃下，用TEA（0.6g）中和VLPU，反应在15～30min内完成。最后，缓慢加入蒸馏水（50g）到被中和的聚氨酯中，在室温下高速分散30～60min得到羧基含量为6%乙烯基封端型水性聚氨酯（VLWPU）。由此得到的VLWPU为半透明泛蓝光乳液，乳胶粒粒径较小，但黏度稍大。

实施例5：合成装置和操作过程同上，首先在室温下把PPG 1000（7.65g）、DMPA（0.78g）和1,4-BD（0.25g）加入烧瓶中。随后加入NMP（1.8g）搅拌直至得到一个均相体系。这时把温度上升到60～90℃，然后在30～60min内逐滴加入IPDI（4.52g）、DBTDL（3～5滴）和丙酮（5.0g）的混合液，反应在油浴搅拌条件下进行3～5h，得到异氰酸酯封端的聚氨酯预聚物（NCO-PU）。这时，加入HEMA（0.77g），反应在60～80℃下继续进行1.5～2.5h，得到了乙烯基封端型聚氨酯（VLPU）。其次，在30～50℃下，用TEA（0.68g）中和VLPU，反应在15～30min内完成。最后，缓慢加入蒸馏水（50g）到被中和的聚氨酯中，在室温下高速分散30～60min得到羧基含量为7%乙烯基封端型水性聚氨酯（VLWPU）。由实施例5所述配方制备的VLWPU为半透明且蓝光现象很明显，乳胶粒粒径小，但体系黏度较大。

2.水性聚氨酯-聚丙烯酸酯复合胶乳的制备

表2 制备水性聚氨酯-聚丙烯酸酯复合胶乳用原料（重量份）

实施例	6#	7#	8#	9#
5%的乙烯基封端型水性聚氨酯（VLWPU）	30.0	30.0	30.0	30.0
苯乙烯（Styrene）	5.0	3.0	7.0	10.0
丙烯酸丁酯（BA）	5.0	7.0	3.0	0.0
过硫酸钾（KPS）	0.15	0.15	0.15	0.15

具体的制备过程如下：

实施例6：水性聚氨酯-聚丙烯酸酯复合胶乳的制备采用半连续无皂乳液聚合法，首先把实施例1～5中制备的任何一个羧基含量为5%的乙烯基封端型水性聚氨酯VLWPU（30g）与苯乙烯（5g）和丙烯酸丁酯（5g）混合，并在适当的搅拌速度下进行预乳化。然后先把10%的预乳化物和10% KPS

（引发剂量为单体量的1%）加入250mL四口烧瓶中，通N_2保护，60~80℃下反应15~30min。然后把剩余的预乳化物和KPS分别以缓慢的速度滴加入烧瓶中反应3~5h。最后得到乳白色泛蓝光的稳定复合乳液。用透射电镜（TEM）观察其形貌。所述水性聚氨酯-聚丙烯酸酯复合胶乳呈核/壳型结构，复合胶粒的壳质为聚氨酯，核为聚丙烯酸酯。

实施例7：基本过程同实施例6，先把制备的羧基含量为5%的VLWPU（30g）与苯乙烯（3g）和丙烯酸丁酯（7g）混合，并在适当的搅拌速度下进行预乳化。然后先把10%的预乳化物和引发剂总量的10%的KPS加入250mL四口烧瓶中，通N_2保护，60~80℃下反应15~30min。然后把剩余的预乳化物和KPS分别以缓慢的速度滴加入烧瓶中反应3~5h。最后得到乳白色泛蓝光的复合乳液。

实施例8：按照实施例6的程序，先把羧基含量为5%的VLWPU（30g）与苯乙烯（Styrene，7g）和丙烯酸丁酯（3g）混合，进行预乳化。然后先把10%的预乳化物和10% KPS（引发剂量为单体量的1%）加入250mL四口烧瓶中，通N_2保护，60~80℃下反应15~30min。然后把剩余的预乳化物和KPS分别以缓慢的速度滴加入烧瓶中反应3~5h。最后得到乳白色的复合乳液。

实施例9：同样采用半连续无皂乳液聚合法制备水性聚氨酯-聚丙烯酸酯复合胶乳。把羧基含量为5%的VLWPU（30g）与苯乙烯（10g）搅拌混合进行预乳化。然后先把10%的预乳化物和10% KPS（引发剂量为单体量的1%）加入250mL四口烧瓶中，通N_2保护，60~80℃下反应15~30min。然后把剩余的预乳化物和KPS分别以缓慢的速度滴加入烧瓶中反应3~5h。最后得到乳白色的复合乳液，乳液很不稳定，很容易沉降。

将上述步骤B所得的水性聚氨酯-聚丙烯酸酯复合胶乳在马口铁板上涂膜，在室温下干燥24h，然后在30~50℃恒温箱中干燥24h。测试标准为涂膜硬度采用GB/T 6739—1996；涂膜附着力采用GB 1720—1979（89）测定；涂膜柔韧性采用GB/T 1731—1993测定；涂膜光泽度采用GB 1743—1979（89）测定；涂膜耐水性采用GB/T 1733—1993测定；涂膜吸水率按HG 2—1612—1985测定。得出表3数据：

表3 水性聚氨酯-聚丙烯酸酯复合胶乳的性能

水性聚氨酯-聚丙烯酸酯复合乳胶	实施例6~8样品实测平均值
分子量	310934
乳胶粒平均粒径（μm）	13.5
玻璃化转变温度（℃）	41.23
初始热分解温度（℃）	276.12
断裂拉伸强度（MPa）	10.05
铅笔硬度	H
附着力	100%
柔韧性	2
光泽度	97
吸水率	34%
耐水性（48h）	轻微腐蚀

本发明的水性聚氨酯-聚丙烯酸酯复合乳胶经红外光谱、凝胶渗透色谱和TEM等方法表征，证实了复合乳胶结构、分子量、粒径和形貌。

本发明制得的水性聚氨酯-聚丙烯酸酯复合胶乳，原料选择范围较大，成本较低；具有自乳化功能，乳液储存稳定；在去离子水与或乙醇等价廉无毒副作用的溶剂中能很好地分散，"绿色"环保，在后续应用时易于调整浓度和黏度；成膜性能好，保色性好，对颜料的显色性能好，光泽度高。

应当理解的是，本发明的应用不限于上述的举例，对本领域普通技术人员来说，可以根据上述说明加以改进或变换，所有这些改进和变换都应属于本发明所附权利要求的保护范围。

此处提醒读者，应当注意到，上述引用的"一种水性聚氨酯-聚丙烯酸酯复合胶乳的制备方法"的说明书文件中，各个合成步骤的陈述段以及9个实施例，都是为了其权利要求书的权利项做的解释和技术支撑，而且是分别从其上位概念（范围）的不同下位概念（范围）来表述其技术特征的。

(3) 化工领域发明专利的摘要

正如国家专利局指定的申请发明专利或者实用新型专利提交文件模板后所附的注意事项提示，说明书摘要的文字部分应当写明发明或者实用新型的名称和所述技术领域，清楚反映所要解决的技术问题、技术方案要点及其主要应用（用途）。文字部分篇幅不得超过300个字（包括标点符号）；进入国际申请的，其译文则不受300个字（单词）的限制。

例如，"一种化学合成及精馏用填料塔塔节"的摘要：

本发明公开了一种化学合成及精馏用填料塔塔节，它包括顶端设有蒸汽逸出口，底端设有蒸汽上升口的塔体，塔体内设有对上升蒸汽起均匀分配作用的上升蒸汽分配器；塔体一侧上部有溢流进管，该溢流进管下部为位于塔体内的U形液体封头；塔体另一侧的下部设有溢流出管。本发明可逼真地模拟连续式反应器和精馏塔间的能量和质量传递过程，实现对塔器内化学反应或精馏过程的分节（板）进行模拟和了解，应用于工业装置的设计、放大时比用层析柱或刺形蒸馏柱的模拟结果更贴切、更有效。

并选择说明书附图中的图1作为摘要附图。

再如，"一种水性聚氨酯-聚丙烯酸酯复合胶乳的制备方法"的说明书摘要：

本发明提出一种水性聚氨酯-聚丙烯酸酯复合胶乳的制备方法，其步骤为：先合成乙烯基封端的水性聚氨酯作为乙烯类乳液聚合的乳化剂和种子相，再通过乳液聚合反应将聚丙烯酸酯分子链通过化学键引入到水性聚氨酯的分子上，制备出核壳结构的水性聚氨酯-聚丙烯酸酯复合胶乳。该方法可供选择的丙烯酸酯类单体范围大、价格低廉、合成反应简单、易于制备出两种不同聚合链的复合结构。

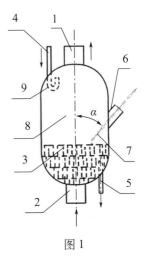

图1

3.3.3　实用新型专利的撰写技巧

前已述及，实用新型专利申请文件的格式和内容，与发明专利的要求类同，文件的撰写技巧此处不做赘述。相对来说，实用新型专利申请文件里是必须包含说明书附图的，而发明专利申请文件里，说明书附图是可有可无的。在实用新型申请文件说明书附图里，务必将实用新型所保护的装置（机构）中，各个构件的序号、组成结构、相互间的关联关系表达清楚，又无须像外观设计那样，将其多维度的视图一一展示。

3.3.4　外观设计专利的撰写技巧

在撰写外观设计的申请文件时，应严格遵循以下3个方面的要求。

（1）申请外观设计专利对图片内容的要求

① 立体外观设计产品。应当提交六面正投影视图和立体图。六面正投影视图名称是：主视图、后视图、左视图、右视图、俯视图和仰视图。各视图的视图名称应当标注在相应视图的正下方。

② 各视图中物像的缩放比例应一致。

③ 尺寸。提交的图片或照片的幅面尺寸不得小于3cm×8cm（细长物品除外），也不得大于15cm×22cm，并应保证在该图片缩小到三分之二时产品外观设计的各个设计细节仍能清晰可辨。

④ 图片中的文字，除了一些必不可少的标记外，例如$A—A$、1、2、3……外，图中不得有文字。若图片需要用文字说明的，应在简要说明中加以说明，并用阿拉伯数字顺序编号。

（2）申请外观设计专利对图片绘制形式的要求

① 图片应当参照我国工程制图和机械制图国家标准中有关正投影关系、线条宽度以及剖切图标记的规定绘制。

② 绘图应使用制图工具和不易褪色的黑色墨水。彩色图片的颜色应当着色牢固、不易褪色。

③ 不得使用工程（晒）蓝图、草图、油印件。
④ 用计算机绘制的外观设计图片，图面分辨率应当满足清晰的要求。
⑤ 剖视图应标明剖视方向和在被剖视的物体图上的位置。
⑥ 剖面线。剖面线间的距离应与剖视图尺寸相适应，不得影响图面整洁。建议统一用计算机绘制的外观设计图片。

注意：要求提交六面正投影视图和立体图均为JPG或TIFF格式的图片，同时须将图片重命名为投影关系的名字。

（3）申请外观设计专利对图片清晰度的要求

提交的每张图片或照片，其电子档文件的字符数（bit）不能大于3MByte，分辨率介于72～300dpi，不得设置密码限制其打开和缩放，方便时应使用修饰画面清晰度的相关软件做预处理。

3.4 撰写专利申请文件的注意事项

3.4.1 撰写发明专利申请文件的注意事项

（1）说明书撰写中经常出现的问题

① 公开不充分。主要有两种情况，其一是技术方案的描述不完整，过于简单，只公开了必要特征的一部分内容，其余的作为"技术诀窍"未公开；其二是对所用到的原料等采用代号或者商品名称，没有公开其规范的化学名称，或者采用一些本领域技术人员无法直接知晓的名称，如"H酸、J酸"等。如此，将不能满足《专利法》第二十六条第三款的要求。

② 背景技术不准确。
③ 目的不明确。
④ 实施例数目太少。就一个化工过程而言，所涉及的工艺参数和影响因素不仅很多，而且相互交叉。由于化学化工领域属于试验性极强的科学领

域，影响其最终结果的因素是多方面的，很多还是当今世人未知的。因此，在文件撰写过程中，要重视实施例的撰写细致。

⑤ 效果描述不充分。没有令人信服的试验数据和测试方法，只有断言。

（2）权利要求书经常出现的问题

① 独立权利要求概括过宽。其本意是为了扩大发明人的权利范围，但是权利范围过大后，有可能导致得不到说明书的支持。

② 独立权利要求不完整，不符合《专利法实施细则》第二十一条第二款的规定。

③ 权利要求范围太狭窄。

根据申请文件中说明书及权利要求书中常见的错误，需要特别注意以下几点：a.涉及的技术术语应当具有确切含义，不能引起歧义。例如，某发明申请中涉及一种组成成分为THF，而THF既可以表示四氢呋喃，又可以表示四氢叶酸，从而引起歧义。b.应给出能够支持权利要求的充足的可信的实施例和实验数据，在关键技术特征上不能含糊其词，也不能故意隐瞒关键材料及实验条件等。

关于申请文件中的实验数据的列示与表述，一是权利要求书中数据范围要有合理的概括。二是从属权利要求中的实验数据需要尽量从多个角度多方面做出限定，这是因为，在对于审查员做出"无效"的审查意见（结论），只能通过删除权利要求、删除技术方案或归纳合并的方式修改来补救。三是要避免说明书中的实验数据公开不充分，这类"缺陷"很难通过后期的补正修改来纠正。这些"实验数据"包括：①影响实验赖以进行的必要条件的数据；②技术方案必须依赖实验结果加以证实才能成立的实验数据；③举例说明必要的数据表征，包括附图中的实验数据。

（3）根据化学发明的技术类别有差异化的撰写

在3.2节已述及，从专利保护的角度出发，化学化工领域的发明专利可分为"产品发明"和"方法发明"两大类。这两类专利文件的撰写，特别是权利要求书和说明书方面是有其不同的着重点的。

①"方法发明"说明书的撰写要求。生产（制备）方法应公开，包括实施该方法所用的原料（新出现的、已有的、中间体等），工艺步骤操作顺序及条件参数（温度、压力、催化剂、介质、投料计量比等），产品的分离纯化方法和步骤，使用到的专用设备和仪器等项目。

②"方法发明"说明书中技术特征的归纳。尽量包括涉及工艺的特征、涉及物质的特征、涉及设备的特征，如：工艺步骤、操作顺序及条件参数，原料和产品的化学结构、组成成分、理化性能参数，专用设备和仪器的类型、结构及相关特性功能等，由此来支撑发明的新颖性、创造性和实用性。

③"方法发明"权利要求书的撰写要求。选取上述三种（工艺、物质、设备）技术特征里面的一种或几种来表达要求保护的范围，依据发明点的不同确定对各个技术特征描述的详略程度，语言表述形式上通常分为前序部分和特征部分，如果认为不合适时也可以不分为两部分。

④"产品发明"专利申请文件的撰写要求。相对于"方法发明"，化学化工领域的"产品发明"专利申请文件，更偏重于对产品的结构和组成、实体性能、应用效果的改进上的新颖性、创造性和实用性描述。技术特征的归纳也要围绕这种清晰化的描述做铺垫，权利要求的条款相应的也要基于结构和组成、实体性能、应用效果的改进上提出。

3.4.2 撰写实用新型专利申请文件的注意事项

依据《专利法》，发明专利和实用新型专利主要有以下不同：①保护客体不同；②保护期限不同；③审查制度不同。

（1）首先要清楚实用新型专利所保护的客体是什么

《专利法》规定，实用新型专利主要是针对产品的形状和产品的构造所提出的技术方案的改进。其中，产品的形状，是指产品所具有的、可以从外部观察到的确定的空间形状。针对产品形状所提出的技术方案可以是对产品三维的空间外形所提出的，也可以是对产品的二维形态所提出的改进。产品的构造，主要是产品的各个组成部分的安排、组织和各个组成部分之间的相互关系。其可以是机械构造也可以是线路构造,其中所说的机械构造是指构成产品的零部件的相对位置关系、连接关系和必要的机械配合关系等;所说的线路构造主要是指构成产品的元器件之间的确定的连接关系;对于物理性的复合材料也可以认为是产品的构造。

实用新型只保护产品,对于方法类、配方类的发明创造,是不能通过实用新型专利进行申请的,只能通过发明专利进行申请。例如,对于一款服装面料,如果其结构与常规结构(如针织、层间复合、布面成型)有差别和改进,可以申请实用新型;但如果该面料的改进只涉及材料上的改进(黏胶、混纺、适纺性改进),没有结构上的改进,则不能申请实用新型。对于面料加工工艺的改进也不能申请实用新型。

(2)实用新型专利申请文件必须包含产品的附图

实用新型主要是针对某个产品的形状、构造方面做出了新的技术改进。这里有两个关键点,一是可以实际使用的新型产品,无疑实用产品就有其几何维度的形状;二是这种"新型"往往是通过某种(些)构造方式来体现的。由此就要求实用新型专利申请文件必须包含能够清晰表明产品形状、构造的附图。一件东西的外表可以观察到它的空间形态,也就是在肉眼看得到的地方使用了创新技术。在零部件较多的情况下,允许用列表的方式对附图中具体零部件名称列表说明。

(3)实用新型专利的名称应该简短、准确

实用新型专利的名称应该使用简短、准确地表明请求保护的主题,不应含有非技术性的、含糊笼统的词语,不要用商标、商品名称、地名或人名等,字数不超过25个。实用新型专利的技术领域要指出本专利直接应用的具体领域或技术方案所属。实用新型专利的技术方案要清楚、完整说明实用新型的构造特征,如何解决技术问题,如果有必要,可以说明其依据的科学原理。技术方案是针对现有技术中存在的缺陷和不足,客观而有根据地反映实用新型要解决的技术问题,并进一步说明其效果,清楚、完整地描述发明或者实用新型解决其技术问题所采取的技术方案的技术特征,同时说明有益的效果。实用新型专利的背景技术要对最接近的现有的技术进行说明，要客观的指出背景技术中存在的缺点和问题，提供引证的资料和文献等内容，背景技术部分尤其要引证包含实用新型专利申请最接近的现有技术文件。

（4）实用新型说明书要"主题明确"和"表述准确"

据悉，目前实用新型专利申请文件普遍存在的问题在于：说明书存在不"清楚"和不"完整"的缺陷，即说明书描述的过于简单。因此，撰写实用新型专利申请文件，应将要保护的技术方案阐述清楚完整。

实用新型说明书的撰写需要表述清晰，就要对产品的形状、构造或其结合的描述上满足"主题明确"和"表述准确"。

对于"主题明确"，实用新型的说明书需从现有技术出发，明确实用新型想要做什么和如何去做。即，区别于现有技术，本申请实用新型所要保护的形状、构造或者其结合需要解决的技术问题是什么，并且具体是如何通过该形状、构造或者其结合来解决该技术问题的。通过描述该形状、构造或者其结合的技术方案如何解决了技术问题，进而实现了相关的技术效果。

对于"表述准确"，说明书应当使用实用新型所属技术领域的技术术语准确地表达实用新型的技术内容，不得含糊不清或者模棱两可，以致所属技术领域的技术人员不能清楚、正确地理解。

关于实用新型说明书的"完整"，需要在说明书中涵盖以下三点：①帮助理解实用新型不可缺少的内容；②确定实用新型具有新颖性、创造性和实用性所需的内容；③实现实用新型所需的内容。

此外，实用新型的说明书中还应当解释为什么说该实用新型克服了技术偏见，新的技术方案与技术偏见之间的差别以及为克服技术偏见所采用的技术手段。凡是所属技术领域的技术人员不能从现有技术中直接、唯一地得出的有关内容，均应当在说明书中给予描述。

3.4.3　撰写外观设计专利申请文件的注意事项

申请外观设计专利时，需要提交的文件包括：在线填写外观设计专利请求书、外观设计的图片或者照片、外观设计简要说明。在线填写外观设计专利请求书时，参照"3.3.1　在线填写发明请求书的技巧"一节。

（1）外观设计中图片或者照片的编辑

申请外观设计专利时，必须绘制（更多的是编辑）外观设计的图片或者照片。这里的图片指的是使用制图工具和不易褪色的黑色墨水绘制的某个包装物或物品的外观设计图，但不得使用工程（晒）蓝图、草图、油印件。推荐采用计算机绘制的图样。如果该外观设计已经制作出了实物，也可以使用照相机或者智能手机拍摄物像照片。

为了使这些图片和照片能够清晰呈现该包装物或物品的不同视角的轮廓外貌，应选取最能表现整体结构的视角绘制或拍摄其"立体图"。另外选择设计特色元素最丰富、能表现外观设计美感的一个"画面"作为主视图（也叫正视图），再以主视图为基准，确定和命名其他5个视图（后、左、右、俯、仰视图）。在绘制或拍摄这些"视图"时，务必要协调6个视图之间物体的同一棱边尺寸的统一性，避免出现"视图"间"比例尺"不相等的错误。

（2）外观设计简要说明的撰写

外观设计的简要说明一般包括4个方面的内容：①用途；②设计要点；③指定某一幅图（照片）为最能表明设计要素的图片；④请求保护的外观设计是否包含色彩。很多时候，还存在"右视图与左视图对称而类同""仰视图上无设计要点"的情形，这时就可以在"外观设计简要说明"用文字做说明，从而省略其"右视图""仰视图"。

第 4 章
专利申请文件的 DIY 提交

4.1 发明专利申请文件的DIY提交

在发明专利申请文件DIY提交之前，必须按照本书第2章2.3节、2.4节介绍的程序，注册申请中国专利电子申请用户，严格遵照中国专利电子申请网络系统的要求，编写完善的电子申请文件。必要时，还须先办理申请费用减缴的手续，并获得批准。

对于某些特别（不会电脑操作、网络受限不通畅、技术需高度保密等）的用户，仍然可以以纸件邮寄或柜台当面提交的方式办理中国专利申请手续，同时提交完整的相应的申请文件的电子文档，只是办理时间上可能会长一些。

2023年1月26日完成的专利业务办理系统升级，开通了专利业务办理系统网页版，启用了专利业务办理系统客户端以及移动端。专利申请客户和社会公众可以通过这3个途径，完成专利申请的查询、文件编辑制作和发送、接收电子通知书等业务步骤。

通过专利业务办理系统网页版、客户端和移动端在线办理提交的专利申请后面统称为"在线电子申请"。这种方式办理申请及相关业务时，不需要填写以往需要的那些各种表格，只要采取在线编辑填写的方式完成各种文件的填写和提交。

在专利业务办理系统升级之前通过纸件形式完成提交的专利申请，如需变换成电子申请，则必须先转成离线电子申请，再由"离线电子申请转为在线电子申请"后，才能在在线业务办理平台上办理各项后续业务。

4.1.1 发明专利申请文件的在线编写

专利申请文件可以通过专利业务办理系统网页版和客户端进行在线编写。2023年1月26日完成专利业务办理系统升级后，只要知晓法人账户登录密码以及该专利的申请号（或者电子案件编号）的人士，都能在专利业务办理系统的网页版和客户端上登录查看，并对该专利进行相关文件（档）的编写、保存和浏览，这样就方便了法人单位内部相关人员的无纸化交流和讨论，共同修改完善。但是，最终向国家专利局的上传提交，必须而且只能由指定的法人账户的经办人进行，详细的签名确认步骤参见后续"4.1.3　化工领域专利申请文件的DIY提交"中的介绍。

涉及国家安全或者重大利益需要保密的专利，以及提出国际申请的专利，不能通过在线业务平台办理提交，应当以纸件形式提交。

（1）电子申请文件格式的要求

国家知识产权局专利局于2023年1月26日对之前的电子申请系统升级为专利业务办理系统，停止原电子申请系统的服务。对使用新电子申请系统提交的文件格式要求未做更改，仍然要求应符合以下格式要求（以下为"格式要求说明"的原文摘录）。

一、XML格式文件（升级后的专利业务办理系统可以自动将用户提交的Word文件转换成XML格式文件）

电子申请用户应使用电子申请离线客户端编辑器编辑提交XML文件。

1. 字符集

编辑XML文件时，应使用GB 18030字符集范围以内的字符，不应使用自造字。

2. 图片

XML文件引用的图片格式应为JPG、TIFF两种格式；说明书附图的图号应以文字形式表示，不应包含在图片中；外观图片或照片大小不应超过150mm×220mm，其他图片大小不应超过165mm×245mm；图片或照片分辨率应为72～300dpi。

3. 数学公式和化学公式

XML文件中的数学公式、化学公式，应以图片方式提交。

4. 表格

XML文件中的$N×M$表格及表头有合并单元格的表格，可以用电子申请离线客户端编辑器编辑提交，其他表格应以图片方式提交。

5. 段号和权项号

新申请XML文件中的说明书段号和权项号由系统自动生成。

申请后提交的XML格式文件说明书段号应以4位数字编号；权利要求书权项号应以阿拉伯数字编号。

二、MS-Word、PDF格式文件（升级后的"专利业务办理系统"无须用户提交PDF文件）

1. 文件范围

发明专利申请和实用新型专利申请的权利要求书、说明书、说明书摘要、摘要附图、说明书附图等，可以提交MS-Word、PDF格式文件。

2. 版本

MS-Word文件应为2003、2007版本的doc和docx文件；PDF文件应为符合PDF Reference Version 1.3（含）以上版本的文件。

3. 权限

MS-Word文件不应设置密码保护、文档保护功能。

PDF文件应具有打印权限，不应设置加密功能。

4. 字符集

应使用GB 18030字符集范围以内的字符，不应使用自造字。

5. 图片

图片大小应限定在单页内，不应包含灰度图和彩图。

6. 版式要求

说明书不应添加任何形式的段落编号，文档页面设置应为纵向A4大小。所有文件应符合《审查指南》相关要求。

7. 其他要求

MS-Word、PDF文件中，不应含有水印、宏命令、嵌入对象、超链接、控件、批注、修订模式等。

注：若需要相关XML详细技术标准规范，请向国家知识产权局专利局初审流程管理部电子数据管理处索取。

(2)通过专利业务办理系统网页版办理申请业务时"申请文件"栏目内容的填写

电子申请用户提交新申请时，必须填写请求书中"文件清单"部分的内容。

对于说明书摘要、摘要附图、权利要求书、说明书、说明书附图和说明书核苷酸和氨基酸序列表使用MS-Word格式提交的，系统导入上述文件的页数显为"0"页，申请人不必对页数进行修改；但是，当导入的权利要求项数显示为"0"项时，应当按照实际项数进行手工修改。

(3)电子申请文件中图片的格式要求

为了保证提交图片在审查、出版过程中与原始提交图片大小一致，专利业务办理系统对添加的图片有以下要求，图片格式应为JPG或者TIFF；外观设计申请的图片大小应当不超过150mm×220mm，其他图片大小不能超过165mm×245mm，占用字节不超过30M Byte。如果发生图片添加不成功的现象，请检查其格式和大小是否符合上述要求。

4.1.2 发明专利申请文件Word版的编写

《专利法》规定：①发明专利必须是一个技术方案，应该阐述发明目的是通过什么技术方案来实现的，不能只有原理，也不能只做功能介绍；②专利必须充分公开，以本领域技术人员不需付出创造性劳动即可实现为准。因此，发明专利申请文件的编写，不是一个一蹴而就的事情，往往需要一定时间的思考、斟酌、修改才能形成。为了节省在线上传提交的时间，申请人可以采用事先编写其Word版本的方式做预备。事先编写Word版本发明专利的申请文件，包括"权利要求书""说明书""说明摘要"，以及"说明书附图"和"说明书摘要附图"。对文档中图片、字符的格式、大小等项的要求，必须严格遵循上述"格式要求说明"。

4.1.3　化工领域专利申请文件的DIY提交

在线上传提交时，顺次单击"权利要求书"→"说明书"→"说明摘要"→"说明书附图"的图标，顺次将各自的Word文件，逐条逐段地采用"Ctrl+C"和"Ctrl+V"的文本复制、粘贴的方式，填写到系统指定的位置上，才能成功上传提交。这里不能使用鼠标的"高亮文本"右键（或者左键）的快捷"复制"和"粘贴"方式进行输入填写。

"发明专利请求书"是必须在线输入填写的，注意记得勾选其中的"发明专利请求提前公布声明""放弃主动修改的权利""实审请求"以及"请求费减且已完成费减资格备案"几项复选框，以节省审查过程中不必要的函询往返，加快审理速度。

某些发明专利，由于技术方案较复杂，特别是牵涉实物结构的展示、实验数据的罗列比较、应用效果的形象化展示，为了方便读者快速简洁地了解本专利的技术特征，可能还需要编撰和上传说明书附图或者说明书摘要附图。

所有申请文件上传完成后，单击"专利申请请求书"标示框，单击页面下的"预览"，可以看到在线生成的专利申请请求书及上传的文件清单。当预览没有任何错误后，单击"签名"选项，签名扫描成功后，才能"提交"成功，完成提交后的文件就不能再进行修改了。

前已述及，专利业务办理系统在2023年1月26日完成升级后，法人账户的有关人士都能在其上登录、查看，并进行相关文件（档）的编写、保存和浏览。但只能由指定的经办人进行文档的上传提交，其他人单击"签名"时，系统会弹出警示信息"法人、代理机构不能签名，请使用经办人登录"。因此，经办人需要提前做好以下准备工作。

① 在专利业务办理系统里申请注册一个自然人账户，然后在注册时记载的联系号码的手机"应用市场"里下载、安装"专利业务办理"APP。按照该APP的提示，在手机上完成注册、登录，期间设置一个简单的6位数的APP登录密码。

② 在进行文档的上传提交前，可以重新登录专利业务办理系统，进入"专利和集成电路布图设计业务办理统一身份认证平台"页面。

| 第 4 章 专利申请文件的 DIY 提交 |

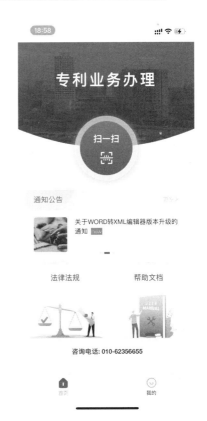

单击"自然人登录""法人登录""代理机构登录"按钮框右下角的直角三角形"二维码",系统就会弹出一个完整的平面正方形二维码。

这时开启经办人指定手机里面的"专利业务办理"APP。

将镜头对准上面的二维码,点击"扫一扫"图标后,输入之前设置的6位数密码,系统显示"扫码成功"的信息。这时就可以进入到"经办人"签名功能了。

③ 在成功进入"法人登录"页面,完成了某个发明专利的相关文件(档)的编写、保存和浏览后,进行文档的上传提交,出现"签名"提示时,系统又会弹出一个正方形的二维码(这一步可能需要等待1到几分钟的时间)。重复上面的第②步里面

"这时开启经办人指定手机里面的'专利业务办理'APP……"之后的步骤，用手机里面的"专利业务办理"APP做扫码操作，系统会弹出"扫码成功"的信息，此时即完成了文档（件）的上传提交。

④ 点击"返回"按键后，再查看"我的办公桌"或者"通知书办理"栏目，可以看到相关事项已经办理的信息显示。

如后期审核后，专利局要求提供新的资料，申请人按照专利局的审核意见和要求继续提交资料就可以了。

专利业务办理系统收到申请人提交的申请文档后，会对申请文档进行"校验"。顺利通过上述校验后，系统会发送一份"申请回执"。收到申请回执函，就说明你的申请已经提交成功，接下来就是等待"缴费通知书"或者"补正通知书"等相关通知书文件。

如果第一次提交的资料不完整，或者需要补正、缴费等，专利业务办理系统都发出相应的通知书，申请人需要按照通知书的要求及时办理和回复。

4.2　实用新型和外观设计专利申请文件的DIY提交

4.2.1　实用新型专利申请文件的DIY提交

（1）专利申请文件的编写

前面已经介绍过，实用新型的申请文件与发明专利的申请文件基本类同，它们的编写格式和要求也可参照发明专利的申请文件。

进入"专利业务办理系统"，选择"国家申请/实用新型专利申请"，单击"新申请办理"。以下截屏展示的是自然人用户编写的过程，法人用户的编辑上传过程是完全相同的。

| 第 4 章 专利申请文件的 DIY 提交 |

显示需要上传提交的文件包括"实用新型专利请求书""权利要求书""说明书""说明书附图""说明书摘要"。首先单击"实用新型专利请求书"进入在线编辑，具体条目见其标示框下面的列表。

顺次输入、填写各栏，其中用户案卷号不用填写，系统会自动生成赋予。

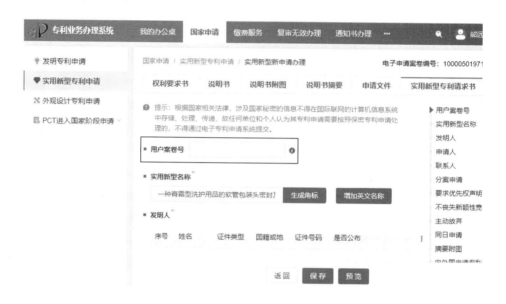

下面三个图中的发明人、申请人、联系人可以是同一人，也即自然人用户本人，也可以是彼此不同的人。法人用户申请时，这三个角色通常不会是同一人。

| 第 4 章　专利申请文件的 DIY 提交 |

在"主动放弃"栏，一般都要勾选"主动放弃"的选项。"同日申请"的选项则要根据申请人是否同一天将该实用新型专利技术方案也申请了发明专利来确定。当然，发明专利与实用新型专利申请文件内容的着重点是不同的，行文上存在差别。

申请实用新型专利时,说明书附图是必不可少的文件之一。需要注意:如果一份申请里有多个附图,在插入第一个图后,在其下面标注"图1",然后,回车在下一行插入第2个图,图下方标注为"图2",以此类推。

摘要附图只能指定为说明书中的某一幅,这里提醒申请人指定摘要附图在说明书中的编号。

如果已经办理好了费用减缴手续，务必勾选下图中的"全体申请人请求费用减缴且已完成费用减缴资格备案"。图中是"第一申请人未完成费减资格备案"的提示。如果是由两个及两个以上的自然人申请的，则全体申请人都需要完成费减资格备案；如果是由两个及两个以上的法人用户（单位）申请的，则不能申请费减资格。

至此，"实用新型专利请求书"就算编辑完成了。接下来编辑"权利要求书""说明书""说明书附图"和"说明书摘要"。通过对事先编写的Word版申请文件做"Ctrl+C"和"Ctrl+V"复制、粘贴操作，编辑到系统指定的文件位置，系统就会自动生成带段落序号0001等的XML格式。如下所示：

| 第 4 章　专利申请文件的 DIY 提交 |

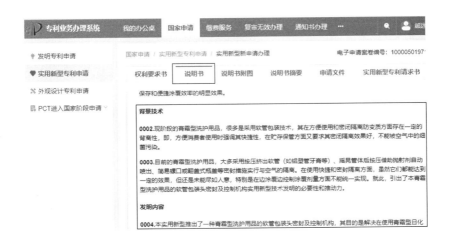

图 1

图 2

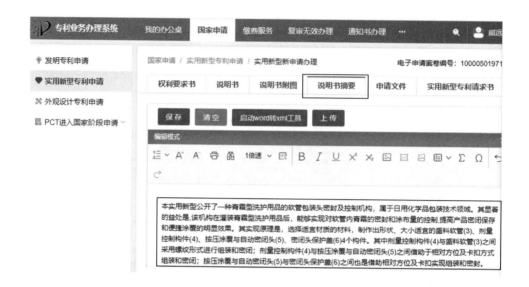

在五个文件各自编辑完成后,必须回到编辑的初始页面,单击"保存",系统才能暂存该文档。后续在确认、查看"申请文件"概要信息时,才能导出各个文件的页数、权利条数等数据。

单击"返回",再单击"预览"后显示如下:

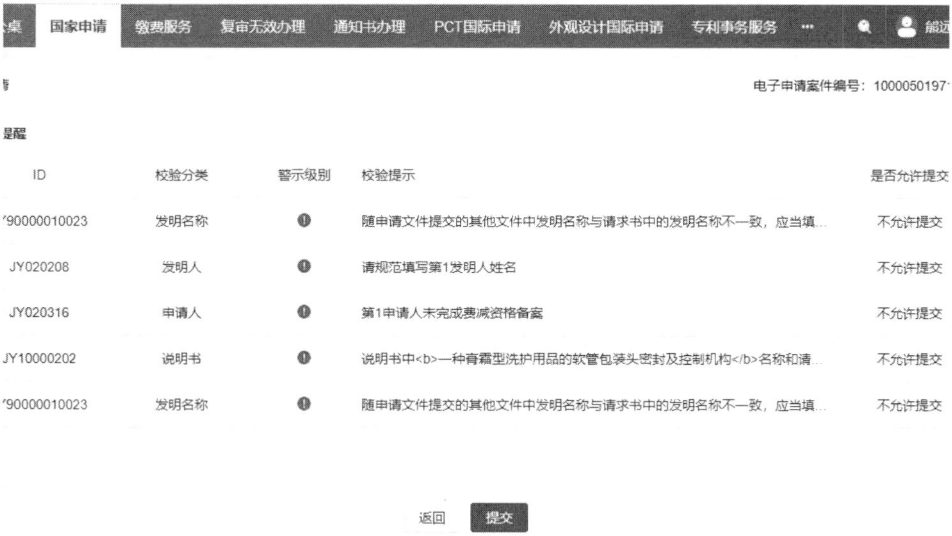

国家申请
缴费服务
复审无效办理
通知书办理
PCT国际申请
外观设计国际申请
专利事务服务
电子申请案件编号：1000050197
提醒
ID
校验分类
警示级别
校验提示
是否允许提交
90000010023
发明名称
随申请文件提交的其他文件中发明名称与请求书中的发明名称不一致，应当填...
不允许提交
JY020208
发明人
请规范填写第1发明人姓名
不允许提交
JY020316
申请人
第1申请人未完成费减资格备案
不允许提交
JY10000202
说明书
说明书中<b>一种膏霜型洗护用品的软管包装头密封及控制机构</b>名称和请...
不允许提交
90000010023
发明名称
随申请文件提交的其他文件中发明名称与请求书中的发明名称不一致，应当填...
不允许提交
返回
提交

上图显示的是，申请人上传的文件存在某些错误，系统不能导出各个文件的页数、权利条数等数据，也不允许提交的截屏图。

（2）专利申请文件的提交

同样道理，实用新型申请文件提交时，与提交发明专利申请文件的步骤一样，也需要先“预览”确认。提交成功后平台也会做“校验”。接下来也是等待缴费通知书或者审查员发出的补正通知书等。

实用新型专利与发明专利的差别是不会有实质性审查的“一审”“二审”意见通知书。

4.2.2　外观设计专利申请文件的DIY提交

（1）申请文件的编写

进入“专利业务办理系统”，选择“国家申请/外观设计专利申请”，同样单击“新申请办理”。

办理外观设计专利申请时，只需要上传提交"外观设计专利请求书""外观设计图片或照片""外观设计简要说明"3个文件。

单击"外观设计专利请求书"进入在线编辑。

页面右侧列示有外观设计请求书包含的条目，与填写实用新型专利的请求书一样，顺次在页面中间的空白输入框内填写对应的内容。

| 第 4 章　专利申请文件的 DIY 提交 |

"分案申请""要求优先权声明""不丧失新颖性宽限期声明""相似设计""成套产品""局部设计"为非必要填写项目，依发明人与或申请人对本专利申请的具体情况自行确定是否填写。

接下来就是对外观设计的图片或照片的编辑。

继续编辑"外观设计简要说明"。

单击"保存"和"返回"后,再单击"浏览"查询3个文件的校验情况。

第 4 章 专利申请文件的 DIY 提交

图片或照片 7 幅 简要说明1页

（54）使用外观设计的产品名称
　　牙膏包装盒

立体图

外观设计图片或照片

CN 307382671 S　　　　　　　　　　　　　　　　　　　　1/1页

立体图

左视图

右视图

后视图

123

仰视图

主视图

俯视图

简 要 说 明

1.本外观设计产品的名称：牙膏包装盒。
2.本外观设计产品的用途：牙膏包装盒。
3.本外观设计产品的设计要点：在于形状、图案与色彩的结合。
4.最能表明设计要点的图片或照片：立体图。
5.请求保护包含色彩。

（2）申请文件的提交

提交的外观设计图片或照片仅限于JPG和TIFF两种格式。这两种格式应用普遍，可以通过对实物拍摄照片及绘图软件轻松制作或转换为这两种格式，具体要求如下：

① 图片或照片的分辨率应处于72～300dpi之间，分辨率过小则图片模糊不清，分辨率过大则会加大系统负荷；

② 尺寸应不超过165mm×245mm，尺寸过大则无法提交，过小不利于外观设计的清楚表达；它们应清楚地显示请求保护的外观设计。

制作外观设计图片或照片时，双击外观设计图片或照片节点，右侧出现工具栏及外观设计图片或照片表格。单击工具栏中第2个按钮，弹出"编辑图片或照片"对话框，单击该行文字，弹出"编辑图片或照片"对话框，接着即可通过对话框左侧浏览按钮，插入存储中的图片或照片。

制作外观设计图片或照片时，经常出现的错误现象有：

① 视图分辨率过小，会使整个图片不清晰，线条更是模糊不清，影响

该外观设计产品的正确表达。

② 视图比例不一致，发生的情况一般源于6幅正投影视图比例不一致，或者是审查员最终确定的授权文本是由多次补正的视图共同组成的，多次补正的视图之间比例不一致。

③ 视图背景色选择不当，应该选择与产品颜色差异较大的颜色作为产品背景色，以保证产品轮廓线清晰。需要注意的是，目前公告是黑白模式，提交视图时应该将视图转化为黑白照片再检查产品与背景的分界是否清晰可辨。因此，视图的背景应选择与产品明度差异大的色彩。

④ 图片中有过多的空白，公告时视图上的产品图案相对太小，无法清楚表达。应在视图中把产品图案稍微放大，周边不留多余的空白，以保证经过公告排版后图片仍清晰可辨。

⑤ 视图幅面内包含视图名称，视图名称应该填写在视图幅面下面，不应显示在视图中。

编写外观设计申请的另一个文件是简要说明，这个部分必须填写的内容是：

① 外观设计的产品名称，包括括号里的文字在内应当与请求书中的产品名称完全一致。

② 产品的用途，写明有助于确定产品类别的用途。如果是具有多种用途的产品，则应当逐一分列出多种用途。

③ 外观设计的设计要点，是指与现有设计相区别的产品的形状、图案及其结合，或者色彩与形状、图案的结合，或者部位。对设计要点的描述应当简明扼要，载明外观设计的设计要点在于产品的某某部位，或者指出设计要点在于某一个视图，又或者是指出是某一个设计要素，如产品形状，外观色彩，或者它们二者的组合。需要保护外观色彩时，应当再单独声明请求保护色彩。

④ 指定一幅最能表明设计要点的图片或者照片，用于出版专利公报。

整个附图文件大小不能超过30M Byte，外观设计图片的幅面大小应当不超过165mm×245mm。

可以根据分辨率换算像素数：

对72dpi分辨率，（165/25.4）×72dpi=467.7像素，（245/25.4）×72dpi=694.4像素；

对300dpi分辨率，（165/25.4）×300dpi=1948.8像素，（245/25.4）×300dpi=2893.7像素。

如果是使用画图软件、Photoshop、ACDsee等绘制线条视图，就是用线条来表现产品的外部形态结构的视图，主要使用正投影方式，按照技术规范的要求，将产品的形状展现在图纸上。它是由直线、圆弧和其他一些曲线组成的几何图形，比较适合用来表达以形状为主要设计要素的设计。

系统推荐使用矢量绘图软件制作线条视图，线条宽度应控制在0.25～0.5mm之间，可根据图像的大小及线条的多寡在该区间内选择一个合适的线条宽度。

如果是由专业人员使用计算机制图软件绘制出来的渲染视图，其清晰度依赖于绘制之初设定的分辨率，申请人在提交之前应查看图片是否清晰，分辨率是否在72～300dpi之间。

同时，如果是按照正投影规则对产品实物或样品拍摄的照片做视图，这时需要注意2个事项：

一是背景的选择，拍摄背景要单一，且背景色彩的色相和明度不能与被拍物发生混淆；二是拍照距离要适当且固定，拍照距离与图像尺寸密切相关，拍照距离忽远忽近将导致图像比例忽大忽小。

4.3　专利申请文件DIY提交后的主动补正

申请人在专利业务办理系统提交了申请文件，但在国家局受理审查后且未发出补正通知书之前，自行发觉需要进行补正的，可以在专利业务办理系统申请主动补正。

对专利申请文件的主动修改和补正是申请人视需要而选择的一项手续。

对于发明专利,只允许在提出实审请求时和收到专利局发出的发明专利申请进入实质审查阶段通知书之日起三个月内提出主动修改;对于实用新型和外观设计专利,则只允许在申请日起的两个月内进行主动修改。在上述规定期限之外提出的主动修改,专利业务办理系统将作出视为未提出的处理。

主动补正的具体操作方法是:进入"专利业务办理系统",单击"意见陈述/补正"进入补正页面。

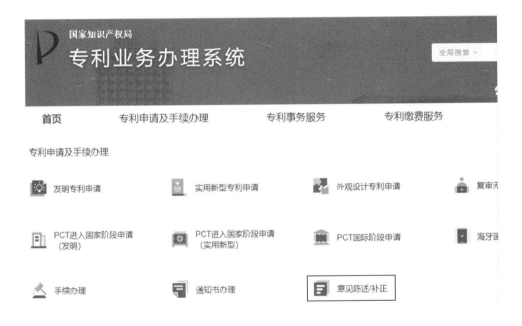

选择"主动提出修改"→"主动补正/提出修改",单击"业务办理历史"框,在"电子申请案卷编号"里输入需要主动补正的案卷号,单击"查询",选中新建案卷信息,单击"补正",添加补正书;单击"增加",添加其他文件,用修改补正后的文本替换之前的文本。

对回复审查意见的意见陈述书，也可以做这样的主动提出修改。

本书第5章中对申请文件的审查意见的回复及审后补正，也是单击这个页面上标示的"答复审查意见"和"答复补正"处进入。这里顺便提前告知。

4.3.1 专利申请文件补正书的编写

专利申请的补正，一般包括申请文件的补正和其他文件的补正。

申请文件的补正是指以提交更正后的文件的方式克服原申请文件在格式

方面的缺陷，对这些缺陷未依法补正的，则会将原申请案视为撤回或者驳回该申请。对其他文件未依法补正的，视为该文件未提交，但不直接导致申请被视为撤回或者驳回。

对说明书的修改补正，主要限于对非实质性部分的内容，对说明书实质部分即发明目的、技术解决方案、效果和实施例的修改一般是不允许的，只有在很特殊的情况下可以考虑。

对外观设计图片或者照片的修改，只限于对不清晰的线条描清，涂覆不能予以保护的文字，或对视图的明显差错和不一致进行改正。

任何主动修改或补正都不得超出原申请记载或表示的范围。

4.3.2　编写专利申请文件补正书的注意事项

编写专利申请补正书需要注意以下事项：

① 补正书的专利号必须一致，这是授权前专利申请的唯一标识。如果该申请办理过著录项目变更手续，应按照专利局批准变更后的内容填写。

② 补正书的发明名称一般来说是原申请时的名称，但如果需要补正的刚好是发明名称，则需要写明将发明名称由什么改为什么。

③ 补正内容的填写。要删除的内容和改正的内容可以分在两条补正内容中写明，这样比较清晰，也容易表达。如果有申请文件的复印件，可以在上面标出修改内容的对照，扫描成图片作为附件发送。如果针对的案卷是在电子申请系统提交的，电子申请补正时则可以不提交申请文件的复印件。

④ 附图的修改。修改前什么问题，修改后消除了什么问题，一一写清楚。在提交替换页的时候，在修改前的图上标示修改的地方。

⑤ 表格放不下的时候，直接在表格里面填写"见附页"，然后用附件的形式写，写明第几页第几行，修改前后的内容即可，而且修改前的内容，不一定要全部抄上去，不需要修改的内容用省略号表示即可。

第 5 章
申请文件的补正及审查意见的回复

5.1 申请文件的补正

5.1.1 发明专利申请文件的补正

对于专利申请文件的修改，除了上一章4.3节提出的主动补正外，进入实质审查阶段，审查员也可能会提出需要补正的意见（通知书），这种补正不属于主动补正，申请人需要按照审查员的意见给予补正。

答复审查员的"补正意见通知书"时，需要注意下面几点。

① 注意"补正意见通知书"的答复期限，如果申请人在规定的期限内没有答复，或者逾期答复，其结果等同于不答复。

国家专利局规定，逾期未办理规定手续的，该项申请将被视为"撤回"，专利局将发出"视为撤回通知书"。

如果申请人超过答复期限，还想继续进行补正，可以在收到"视为撤回通知书"后两个月内，向专利局说明理由，请求恢复权利。这时必须办理的手续是提交"恢复权利请求书"，说明逾期的正当理由，缴纳恢复费（其金额参见书末附录），同时补办未完成的各项应当办理的手续。

② 如果是文件格式或者手续方面的缺陷，可以通过补正消除缺陷。如果是明显的实质性缺陷，一般难以通过补正或者修改进行消除，多数情况下只能根据是否存在或者属于明显实质性缺陷进行申辩和陈述。

③ 对于发明或者实用新型专利申请，做出的补正或者修改均不得超出原说明书和权利要求书记载的范围。对于外观设计的补正或修改不得超出原图片或者照片表示的范围。

修改文件还应当按照规定格式提交替换页（文件）。

④ 对审查员补正意见通知书的答复，应当按照规定的格式提交文件。

申请人如果补正形式问题或手续方面的问题，需要使用补正书。申请人如果申请修改的是实质内容,则需要使用意见陈述书。申请人如果不同意审查员的意见,进行申辩时需要使用意见陈述书。

5.1.2 实用新型和外观设计专利申请文件的补正

审查员对于实用新型和外观设计专利申请文件提出的补正,一般都是针对文件及其中图片的格式缺陷,特别以图片中文字的相对大小、视图之间的相对大小不协调为最常见。

(1)文件格式的补正

对于实用新型和外观设计专利申请文件,在线提交前应当仔细审核其格式,包括幅面大小、字体及字号、空格及换行、页眉和页脚的设置,必须按照本书第3章"3.1 国家专利局规定的申请文件简介"的条款进行编写。

权利要求书的段落结尾,与发明专利一样,每一项要求都要以句号"。"结束,而同一项权利要求的分段叙述,结束时只能以分号";"结束,然后再换行分段落。

权利要求书中有多于1项以上的权利要求时,应当用阿拉伯数字顺序给予编号。

对于独立权利要求项,必须以法定用语"其特征在于"导出,而从属权利要求的限定部分不能用"其特征在于"与引用部分相连接。从属权利要求需要引用前面的多项权利要求时,所引用的权利编号之间应当使用"或"做连接词,不能使用"和"字来连接。

通常情况下,权利要求书中不允许有插图和表格,除非使用插图、表格才能更清楚的说明发明要求保护的主题。

(2)图片格式的补正

实用新型和外观设计专利申请的附图里,不能标注"图1""图2"等字样,图序号应当标注在附图的下方居中位置。各种视图的名称也不能随意自行命名(自定义的除外),只需按照网页提醒标示对应"拉入"即可。

附图中标注的构件代号，如"1""2"或者字母、罗马数字，应当用细实线做关联指引。构件的名称也不允许出现在附图里，只能在附图下面的图序号下方做附注说明。同一个申请案中各个附图的构件代号必须统一而且是唯一的，不能把相同的代号赋给不同的构件。

（3）相对大小的补正

实用新型和外观设计专利申请的附图里，不同视图中对同一个构件的图例尺寸（大小）应当保持基本一致（自定义和超出图面幅度而做了"截断"技术处理的除外）。同一个部位的长、宽、高和大小在各个视图中要保持相对一致。

图序标注"1""2"以及构件代号等字体大小也要与图的幅面大小相协调，过大或者过小都会被视为"比例失调"而需要做补正修改。

5.2 对一审意见的答复

我国专利法对于实用新型以及外观设计专利的申请，没有设置实质审查环节。因此，申请人提交专利申请文件后，只需要对发明专利进行审查意见的回复。

5.2.1 实质性审查引用的主要法律条款

专利审查员对发明专利申请文件做实质性审查，其法律依据是《专利法》，审查原则、审查基准和判断方法则是依照《专利法实施细则》和《专利审查指南》。

（1）专利审查的主要内容

① 是否符合《专利法》第二条规定的创造性定义，即对产品、方法或者其改良所提出的新的技术方案；

② 是否符合《专利法》第五条的规定，即申请的专利主题是否有违反国家法律、社会公德或者妨碍公共利益的情况；

③ 权利要求所限定的技术方案是否具备《专利法》第二十二条第二款和第三款所规定的新颖性和创造性；

④ 是否具有《专利法》第二十二条第四款所规定的实用性；

⑤ 是否符合《专利法》第二十五条的规定，即申请的专利主题是否属于不能授予专利权的范畴；

⑥ 是否按照《专利法》第二十六条第三款的要求，说明书里是否充分公开了请求保护的主题；

⑦ 权利要求书是否按照《专利法》第二十六条第四款的规定，以说明书为依据，清楚、简要地限定要求保护的范围，独立权利要求是否表述了一个解决技术问题的完整的技术方案；

⑧ 申请文件提交后，后续的修改是否符合《专利法》第三十三条和《专利法实施细则》第五十一条的规定；

⑨ 权利要求书是否具有单一性；

⑩ 分案申请是否符合《专利法实施细则》第四十三条第一款的规定。

依赖遗传资源完成的创造，还需要审查申请文件是否符合《专利法》第二十六条第五款的规定。

（2）审查员对发明专利的技术方案做创造性审查的思路步骤

① 确定最接近的现有技术；

② 确定发明的区别特征和实际解决的技术问题；

③ 判断要求保护的技术权利对本领域人员来说是否显而易见。

普通申请人撰写的申请文件，更多地被审查员提出对上述审查内容中第③、⑤、⑥和⑦项的质疑和否定，也就是专利授权的"要件"——技术方案的新颖性、创造性、保护客体、公开充分。其中，客体的三要素是：权利要求所解决的问题是技术问题，所采用的手段是技术手段，获得的效果也是技术效果。保护客体就是以说明书为依据，在权利要求书中清楚、简要地限定要求专利保护的范围，即各项独立的以及附属的权利要求具有技术属性。

5.2.2 一审意见的通常要点

发明专利申请案件进入实质审查阶段后，首接审查员通常会在6～12个月内给出"第一次审查意见通知书"。极个别的也有"未发现驳回理由且无其他缺陷"的情况，不必发出"第一次审查意见通知书"就给予授权的。如下图所示：

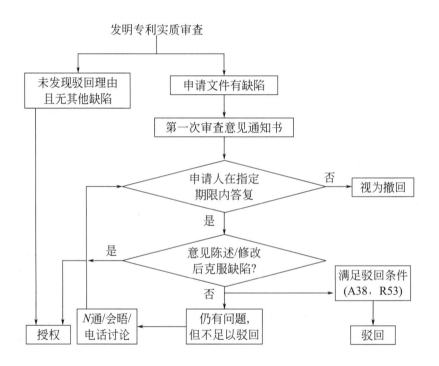

如果是通过向国家专利局及其专利代办处、分理处邮寄或递交纸版申请文件，或者是委托代理机构提交申请文件的，这类"审查意见通知书"（含"第N次审查意见通知书"）都会给申请人以"专递信函"的形式通过中国人民邮政的渠道寄达；但如果是通过客户端直接向国家专利局电子申请系统以电子文件形式提交的，则只在发明专利请求书上填写的联系人的手机号码或Email邮箱里发送提醒信息，其通知书需要在电子申请客户端上查询、下载后查看（及打印）。

本节以对"第一次审查意见通知书"的回复、申诉陈述为例进行讨论。

(1) 一审意见的通常内容

首接审查员给出的"第一次审查意见通知书",都是有统一的框架模板的,一般包括6个方面的内容,按其行文的条块,依次是:①著录项目;②审查文本;③审查中引用的证据;④审查结论;⑤对前景的倾向性意见;⑥附件清单。

答复一审意见的策略,先仔细阅读申请文件、对比文件,再对审查意见的正确性进行判断,在判断的基础上确定相应的答复方式:同意附和审查人的意见;部分同意/部分不接受;依据申请人的理解思路做意见陈述(申辩)。

申请人在拟函回复前,应先从3个方面对审查意见逐条逐句进行理解,核实文本,审查意见通知书中的倾向性意见,对其中引用的对比文件做分析。具体而言:

① 核实文本。核实审查文本是否为所希望的文本,引用的对比文件的公开时间,判断是否为"现有技术"。

② 审查意见通知书中的倾向性意见。如果存在《专利法实施细则》第五十三条所规定的应予以驳回的缺陷,申请人就需要对申请文件作修改和/或充分的意见陈述,否则该申请将面临被驳回的风险。如果只是"不定性结论意见",则申请人做出的意见陈述对于获得审查员的认同、并给予授权较为重要。

③ 对其中引用的对比文件做分析。即对审查意见中引用的证据做甄辨,对对比文件中技术内容做分析,研判本案的技术方案和特征技术与对比文件是否存在"启示""联想"的关联嫌疑。审查意见里,如果指出权利要求不具备新颖性和/或创造性,应通过对对比文件披露的技术内容的分析来判断通知书中关于新颖性/创造性的评述是否合理,在此基础上考虑有无申辩的余地,确定是否修改申请文件。

拟定答复意见时,主要关注"第一次审查意见通知书"中第5、6、7三项,现截图展示如下:

5.□ 本通知书是在未进行检索的情况下作出的。
☒ 本通知书是在进行了检索的情况下作出的。
☒ 本通知书引用下列对比文件（其编号在今后的审查过程中继续沿用）：

编号	文件号或名称	公开日期（或抵触申请的申请日）
1	~~CN102220713~~	~~01y011~~
2	~~CN102758372~~	~~01M051~~
3	~~无惧于干同温度下硫化氢储氢状态等离合量与储圆等，4南亦补地大学学报(自然科学版)第4十1期~~	~~02T051~~

6.审查的结论性意见：

关于说明书：

　　□ 申请的内容属于专利法第5条规定的不授予专利权的范围。

　　□ 说明书不符合专利法第26条第3款的规定。

　　□ 说明书不符合专利法第33条的规定。

　　□ 说明书的撰写不符合专利法实施细则第17条的规定。

　　□ _____

关于权利要求书：

　　□ 权利要求_____不符合专利法第2条第2款的规定。

　　□ 权利要求_____不符合专利法第9条第1款的规定。

　　□ 权利要求_____不具备专利法第22条第2款规定的新颖性。

　　☒ 权利要求 1-5 不具备专利法第22条第3款规定的创造性。

　　□ 权利要求_____不具备专利法第22条第4款规定的实用性。

　　□ 权利要求_____属于专利法第25条规定的不授予专利权的范围。

　　□ 权利要求_____不符合专利法第26条第4款的规定。

　　□ 权利要求_____不符合专利法第31条第1款的规定。

　　□ 权利要求_____不符合专利法第33条的规定。

　　□ 权利要求_____不符合专利法实施细则第19条的规定。

　　□ 权利要求_____不符合专利法实施细则第20条的规定。

　　□ 权利要求_____不符合专利法实施细则第21条的规定。

　　□ 权利要求_____不符合专利法实施细则第22条的规定。

　　□ _____

□申请不符合专利法第26条第5款或者实施细则第26条的规定。
□申请不符合专利法第19条第1款的规定。
□分案申请不符合专利法实施细则第43条第1款的规定。
上述结论性意见的具体分析见本通知书的正文部分。
7.基于上述结论性意见，审查员认为：
□申请人应当按照通知书正文部分提出的要求，对申请文件进行修改。
□申请人应当在意见陈述书中论述其专利申请可以被授予专利权的理由，并对通知书正文部分中指出的不符合规定之处进行修改，否则将不能授予专利权。
☒专利申请中没有可以被授予专利权的实质性内容，如果申请人没有陈述理由或者陈述理由不充分，其申请将被驳回。
□_____

其中第5项列示的是审查员检索到的、与本申请案在技术方面可能存在类同或抵触的、已经公开的文献，需要申请人在答复函件里，对原申请文件进行修改或者陈述不做修改的理由。

第6项是关于审查结论性意见进行的分述，特别是对于本案"说明书"和"权利要求书"里，与《专利法》及《专利法实施细则》存在抵触性的内容条款，用复选框的形式逐一指出。正如上面截图中显示的那样，最常见的抵触条款是"权利要求×××不具备专利法第22条第3款的创造性"。

第7项是基于第6项给出的结论性意见，审查员对申请人在回复时做修改陈述及其程序方面给予的提醒。

审查意见的正文，则是针对第5项列示的已经公开的对比文献的技术内容，给出的具有"类同或抵触"嫌疑的分析。最后两段的语句是进一步明确否定性的结论：

因此，在对比文件■■公开的基础上结合对比文件■■及本领域常规操作，得到权利要求1请求保护的技术方案，对于本领域技术人员来说是显而易见的。权利要求1请求保护的技术方案不具备突出的实质性特点和显著的进步，不符合专利法第22条第3款有关创造性的规定。

因此，在其引用的权利要求不具备创造性的基础上，权利要求■■不具备突出的实质性特点和显著的进步，不符合专利法第22条第3款有关创造性的规定。

基于上述理由，本申请不能被授予专利权，同时也不具备授权前景。

（2）对一审意见答复的注意要点

① 秉承对审查员尊重和诚恳的态度，首先表示对审查员悉心审查申请文件的感谢。

② 接着交代本次答复所针对的对象，第几次审查意见通知书，载明其发文日期和发文序号。

③ 旗帜鲜明而概略地表述"不同意"或者"不完全接受"审查意见，恳请审查员做再一次的审查和认可本专利申请案的创造性，同意和批准授予其专利权。

④ 按照审查意见正文的排列次序，逐段、逐条地就"权利要求1具备专利法规定的创造性"做陈述，如果涉及多篇对比文件，也必须逐篇做技术上的新颖性、创造性、实用性的阐述。

⑤ 在上述自我归结得到"本案的技术特色和有益的效果，具有突出的实质性特点和显著的进步，完全符合专利法第22条第3款有关创造性的规定"的自评结论后，对后续的各条从属权利要求也应一一点到。依据是我国专利法及其实施细则的约定，从属权利要求仅为描述性限定，在主权利要求具备专利法规定的创造性的前提下，所有从属权利要求也是具备其创造性的。

⑥ 最后，还要补充说明，此番修改和陈述没有超出原说明书和权利要求书所记载的范围，是符合专利法第三十三条之规定的，以此附带回应"第一次审查意见通知书"中第8项"申请人应注意下列事项"的条款（3）。

（3）厘清答复的思路

答复审查意见的过程，是申请人与审查员进行书面沟通的过程，申请人务必要高度重视。首先要充分理解对方所表达的实际意义，厘清本专利申请具有授权的实质性要件，在说明书中找到凭据，对权利要求书条款展开有效的陈述，尽量让自己的意见被对方接受。陈述的重点在于阐述"创造性"。

① 对创造性审查意见答复思路。

a. 判断对比文件是否为本发明最接近的现有技术；

b. 确定本发明与最接近的现有技术的区别特征，以及本发明实际解决的技术问题；

c. 判断该区别技术特征在现有技术中是否具有技术启示，本发明是否获得了预料不到的技术效果。

② 答复方式。对于审查员指出的"权利要求×××不具备专利法第22条第3款规定的创造性"的审查意见，推荐采用"修改申请文件＋意见陈述"的方式进行回复。惯常的表述语句如下：

"×××审查员您好，感谢您的审查意见。根据您的指正，申请人现做以下修改和意见陈述：

一、删除权利要求×、×和×，将其内容补充到权利要求×中，即限定了……。

修改后的权利要求×具有创造性。

修改方式：将权利要求××和××合并，归入权利要求××中，形成新的权利要求××。

二、（阐述）修改后的权利要求具备创造性的理由：

技术特征的区别在于：……。（此句旨在回复"技术启示"问题）

解决的特征技术问题是：……。（此句强调能够获得"预料不到的技术效果"）

三、……。"

（4）在答复中经常易出现的错误

申请人在答复沟通中容易出现的错误包括：

① 把对比文件与申请的说明书进行比对，而不是与权利要求所保护的技术方案进行对比；

② 错认对比文件或其中的事实，特别是某个（些）技术特征，导致答复意见不具有说服力；

③ 对于不同意的审查意见，仅仅停留在提出疑问或者继续坚持自己主张的结论，没有进行具体而深入地说理，不能说服审查员；

④ 申请人没有论述本发明的技术方案并不是现有技术方案的叠加，现有技术中体现的提供该发明创造的新动机，或者它们进行结合或改进带来的新技术效果，因而答复意见也不会被审查员接受；

⑤ 如果没有针对审查意见去做陈述申辩，即使对比分析了所有的对比文件，貌似给出了权利要求所请求保护的技术方案具有创造性的理由，但在审查员看来，就是答非所问的回复而已。

（5）答复审查意见的通常格式和条款

对审查意见答复的通常格式和条款举例如下。

尊敬的审查员，您好！

感谢您对本申请的认真审查并提出审查意见。针对您的审查意见，本申请人又认真阅读了本申请，现将对本申请进行的修改和所提的建议陈述如下。

Ⅰ.先复制、重述审查意见的第一条。

"针对权利要求……不具备新颖性，不符合《专利法》第二十二条第二款的规定；权利要求……不具备创造性，不符合《专利法》第二十二条第三款所规定的问题，……。"

Ⅱ.对上述问题做修改说明。

……

注意，修改的文字内容，应当遵照审查意见或者专利法的某条（些）规定，并说明符合专利法第三十三条和专利法实施细则的第五十一条的规定。

Ⅲ.理由陈述。

阐述修改后（或者维持原文），基于原说明书中记载的事实、理由和证据，陈述具有新颖性的理由。

阐述修改后（或者维持原文），基于原说明书中记载的事实、理由和证据，陈述具有创造性的理由。

阐述修改后（或者维持原文）与审查员给出的对比文件不具有相关性的理由。

Ⅳ.归纳小结。

在逐条对比文件权利要求的基础上，形成结论：①本领域的技术人员结合公知常识，不能推出本申请的权利要求……的技术方案；②对比文件……也未给出任何技术启示，该解决技术问题的方法是非显而易见的；③修改后的权利要求能够清楚地限定要求保护的范围，符合《专利法》第二十二条第二款和第三款的规定。

参照上述Ⅰ～Ⅳ点的条理，依次对审查员提出的每一条质疑和建议给予答复和陈述。

结束语的格式，可以参照下面的形式来组织：

"再次感谢审查员对本申请案所做的细致工作。"

随此意见陈述书同时附上权利要求书的修改页和替换页。

"以上修改没有超出原说明书和权利要求书记载的范围。申请人恳请审查员在审核上述修改及答复意见的基础上，尽早授予本专利申请的专利权。如果仍有疑虑或需要探讨交流的需要，申请人也恳请审查员给予进一步陈述意见或者当面请教的机会。谢谢！"

5.2.3　对"新颖性"质疑的陈述

答复审查意见的核心工作，在于理解发明的技术本质，发现和找到与审查员的理解在技术上有什么不同。对技术创新性的成功答复，关键在于找到技术上的创新点。申请人在撰写答复陈述文案之前，不仅要熟悉《专利法》的条款，还要细致领会《专利法实施细则》和《专利审查指南》的解析条文。

有关新颖性，《专利法》第二十二条第二款给出的概念，是指该发明或者实用新型不属于现有技术；也没有任何单位或者个人就同样的发明或者实用新型在申请日以前向国务院专利行政部门提出过申请，并记载在申请日以后公布的专利申请文件或者公告的专利文件中。其中现有技术是指申请日以前在国内外为公众所知的技术。

审查员对发明的技术新颖性质疑，往往都是体现在审查意见的第一条里，也基本上集中在对独立权利要求1的表述上。因此，建议先对权利要求1做修改，克服权利要求1保护主题或者客体不够清晰的缺陷。如果可能的话，可以搜寻说明书中有记载的、而审查员提供的对比文件里没有的要素进行修改，如（装置）结构图、技术效果表（数据）。将对比文件中公开的与本申请权利要求1中相同的次要要素删除，或者把后面的权利要求限定项补入新的权利要求1中。同样，也可以通过把后面的权利要求限定项补入稍前的限定项的权利要求中，以克服相应限定项的权利要求界定不清楚的问题。

化学化工领域发明专利的新颖性体现，比其他领域的专利更具有其特色和判定依据：一是化合物结构创新，或者组合物中关键成分的技术功效发挥机理的创新；二是可以通过物理、化学方法检测的技术参数或谱图表征其新颖性；三是发现了已知物质的全新用途、获得了不同于以往应用过程的预料不到的技术效果。

申请人撰写意见陈述书时，应该准确理解审查意见和审查思路，客观分析审查意见中所依据的事实、理由和证据，最后针对审查意见进行辨析陈述。辨析的内容不应该只针对审查结论，还要包括审查意见中引用的事实、理由和证据，进行说理推导。特别是要针对技术方案实际解决的技术问题的分析、公知常识的使用、显而易见性的论述上的导引错误。

在满足了新颖性要求（之后）的前提下，再来阐述权利要求1的创造性。

5.2.4 对"创造性"质疑的陈述

有关创造性，《专利法》第二十二条第三款给出的概念，是指与现有技术相比，该发明具有突出的实质性特点和显著的进步，该实用新型具有实质性特点和进步。

前面在5.2.1节中，提及过审查员对发明专利做创造性审查的通常的程式化思路，其中最容易引起审查员与申请人不一致的内容就是步骤③"判断要求保护的技术权利对本领域人员来说是否显而易见"。

对审查员提出的"创造性"质疑的答复和陈述，首先要仔细核查其提供的事实与证据，即对比文件是否属于《专利法》所规定的现有技术，相关段落的内容是否属实，外文翻译是否正确，结论是否恰当；其次要分析对比文件中某些技术特征，与本案权利要求中的某些技术特征对应的结果是否妥当和准确；再者要核实权利要求技术方案与最接近的现有技术的区别技术特征是否正确、全面，尤其要分析指出本案所具有的多于审查员认定的区别技术特征的作用和技术效果，从而论证本案权利要求所述的方案具有实质性特点和显著的进步。

另外，也可以从技术方案所能解决的实际技术问题着眼，判断审查意见对该问题的概括是否恰当，审查员引用的对比文件里，涉及或者针对这个问题，有没有阐述合适的解决办法和效果；与本案的技术方案所应用的技术原理是否类同；紧接着简述本案拟解决的技术问题，并阐述本领域技术人员面对这个问题时是不能从现有技术中得到启示，进而证明本案的申请方案具备创造性。

对于审查员可能推出的新的对比文件或者公知常识，则应判断审查员的说理是否符合逻辑和技术事实，重点关注他所提供的对比文件等是否公开了区别技术特征，该技术特征的作用与本申请案中的相应技术特征的作用是否相同，现有技术中对本案技术问题的解决是否确实存在相应的技术启示。

对于与现有技术相比较的创造性，建议依据《专利审查指南》里给出的一些评价方式，如"本发明解决了人们一直渴望解决但始终未能获得成功的技术难题""本发明克服了……技术偏见""本发明取得了预料不到的技术效果""本发明的先期实施在商业上获得了成功"，从申请案特征技术的实施，解决了不同的技术问题、产生了意想不到的技术效果、克服了技术偏见、实施要素条件发生了变更等技术上的差异着手，来说服审查员接受陈述。

至于专利技术的实用性，《专利法》第二十二条第四款给出的概念是，指该发明或者实用新型能够制造或者使用，并且能够产生积极效果。通常来说，只要发明人是针对解决工业生产、社会生活、技术发展等实际技术问题提出的技术方案，预期（推理论断）能够达到其技术效果，审查员都不会对"实用性"提出疑问和进一步的修改要求，除非发明技术方案出现了"违背自然规律"或者"不能重复再现"的情形。本章也就不必对此展开讨论。

5.2.5 对"公开充分"质疑的陈述

《专利法》第二十六条第三款规定，"说明书应当对发明或者实用新型做出清楚、完整的说明，以所属技术领域的技术人员能够实现为准"，其中"所属技术领域的技术人员能够实现，是指所属技术领域的技术人员按照说明书记载的内容，就能够实现该发明或者实用新型"。如果存在"不完整"、不能使所属领域技术人员实施该发明或者实用新型存在障碍，且无法予以克服。《专利法实施细则》第二十三条要求，发明专利的说明书摘要应当写明发明或者实用新型专利申请所公开内容的概要，即写明发明或者实用新型的名称和所属技术领域，并清楚地反映所要解决的技术问题、解决该问题的技术方案的要点以及主要用途。

审查员对发明专利说明书技术方案"公开充分"的判定要素，前提是要清楚和完整，结果是能够实现，判定的主体是"所属技术领域的技术人员"。

《专利审查指南》对该主体的定义为，"'他'是一种假设的人，假定'他'知晓本案申请日之前或者优先权日之前发明所属技术领域所有的普通技术知识，能够获知该领域中所有的现有技术，并且具有应用该日期之前常规实验手段的能力，但是他不具有创造能力。"在开展发明案件的审查过程中，审查员就是在扮演这样的角色。然而，面对各个领域的专利申请，审查员并不一定能够符合上述条件，即审查员不能够掌握其所审查的所有案件所属技术领域的所有普通的技术知识。在审查员不完全符合上述条件的前提下，就不可避免地出现对所审案件的技术方案的理解有误甚至根本不能理解的情况。因此，申请人就有必要对审查员提出的说明书技术方案"公开充分"的质疑做出解释和陈述。

回复审查员技术方案"公开不充分"的质疑，首先需明确其疑虑点所在，才能有指征性的有效陈述。优选从"未公开内容为公知常识"做切入点，并对此展开举证、答复。务必要找准和抓住证据，如记载有现有技术的文献、教科书等素材进行充分且详细的论述，引导审查员进入"所属技术领域的技术人员"的角色。同时还要注意避免由此可能带来的伤及无辜——新颖性和创造性的"副作用"。当然，还可以采用对权利要求书和说明书做有限制的小范围修改、意见陈述等方式做答复。

对于"能够实现"的陈述，宜从说明书中找到记载有"实现基本发明目的技术方案"的要点，诸如原料规格、产地、详细工艺步骤、达到技术效果的试验数据列表等内容，辅助审查员获得"所属技术领域的普通技术知识、现有技术和常规实验手段的能力"，完善其角色的临时转换，从而接受"能够实现"的结果。

如果说明书先天就存在内容上的致命缺陷，这种情况就无法"自圆其说"，则很难做出有效的陈述答复。

当发明专利进入实质性审查程序后，只要审查员发出审查意见，就是给申请人提供答复陈述的机会。因此，无论接到的是什么类型结论的审查意见，申请人都要牢牢把握住机会，不要轻易放弃答复申辩。

5.2.6　对"显而易见""常规技术手段"质疑的陈述

作为中国专利DIY电子申请的践行者和实操人，编著者深感难于答复审查意见的另一点是，审查员对创造性的"显而易见""常规技术手段"的质疑，在此也想花点笔墨做简短交流。

化学化工领域里，最通常的技术发明方式是改进式的发明创造，即在某些现有技术的基础上，通过借用、改进、完善和提高的技术升级，获得了突出的实质性特点和显著的技术效果，从而形成了新的技术方案，能够获得专利授权的特征性"三要素"。

《专利法》《专利法实施细则》和《专利审查指南》里对授权专利技术没

有做出必须是全新的原理创新的规定，实际操作中也不可能要求每一项技术发明都具有理论或者原理上的创新，毕竟不是像"日心说"否定和替代"地心说"、发现"牛顿第一、第二、第三定律"那样推出一套新理论。缘于此，申请人通常都要对专利技术的"并非显而易见""非常规技术手段""现有公知常识的技术启示"做申辩陈述。

《专利审查指南2010》对发明技术方案相对于某些现有技术是否显而易见的判断给出了"标准"，即，要从最接近的现有技术和发明所解决的技术问题出发，判断要求保护的发明对于本领域技术人员来说是否显而易见。必须使用发明申请日之前已经公开的现有技术或者常规手段的结合，与本发明的权利要求进行逻辑推理，也就是说，现有技术结合的逻辑推理过程不应该包括发明的技术内容。发现和找出本发明与对比文件的区别，并能看到所要解决的技术问题，这个过程就需要付出创造性的智力劳动，不是"显而易见"。

对审查意见中"常规技术手段"的陈述，应当从与现有技术的区别特征——内在机理不同点着手。对于化学化工领域的技术发明，其内部可能存在很多机理反应，这是本领域技术人员不清楚或者不能预料到的。阐述由此产生的不同技术效果，列举实验数据用以证明本发明的技术方案并不是基于"常规技术手段"的简单替换、组合或者转用形成的，具有其特殊性，属于"非常规技术手段"，具有突出的实质性特点和显著的进步。还可以从常规技术手段与可预期的技术效果之间是否存在桥梁和纽带关联来组织话语进行反驳，如证明区别技术特征不是本领域的常规技术手段，而且该区别技术特征在本发明中产生了预料不到的技术效果，等等。当然，这些说法必须以说明书里已经提供的技术手段和实验结果做依据。

对于"现有公知常识的技术启示"问题，《专利审查指南》关于发明实际解决技术问题的定义是"指为获得更好的技术效果，而需对最接近的现有技术进行改造的任务。"技术方案既要求其本身包含有未被技术启示所使用的区别技术特征的实质，又要求技术方案相对于现有技术有所改进、有更好效果的表述。因而，陈述"技术启示"问题，还是要回到对技术特征和显著进步的举证上。任何新的技术问题的出现都存在其特有的技术背景，解决该技术问题也必然需要借助技术的传承和方法的特征改进提高，才能获得预料不到的技术效果。

5.3 对发明专利驳回意见的申请复审

5.3.1 发明专利被多次实审驳回后的复审申请

虽说审查员发出审查意见是给申请人提供答复陈述的机会，但较普遍的情况是，审查员不是那么容易被说服并且接受申请人的陈述意见的。更多的专利申请案会发出第2次直至第N（一般为3）次审查意见通知书。近几年国家专利局公布的发明专利授权率一直在50%以下，意味着有超过半数的专利申请是被驳回的。

依据《专利法》第三十八条和《专利法实施细则》第六十条的规定，专利申请人对国家知识产权局驳回申请的决定不服的，可以在自收到驳回通知之日起3个月内，向专利复审委员会请求复审。专利申请人向专利复审委员会请求复审的，应当提交复审请求书，并且说明理由，必要时还应当附具有关证据。

复审无效电子请求系统于2013年4月26日正式上线，是整合在专利电子申请系统中运行的，其编辑、提交等功能，自2023年1月11日"专利业务办理系统"升级上线后，全部融合到该系统中了。复审无效电子请求系统是服务于复审请求人、无效宣告程序的双方当事人，申请对象使用电子形式提交复审（也俗称复议）和无效程序中的请求文件和中间文件。本节仅讨论被审查员驳回的专利申请的复审，被第三方做无效宣告的复审程序暂不做讨论。

具有电子专利申请的客户都可以在网上进行专利复审请求的文件编辑、签名和提交，操作方式与新申请文件的操作相类似。复审请求文件包括：复审请求书、附加文件和修改文本。

复审请求书的格式和在线填写事项与发明专利请求书的类同，只需依照网页的提醒循序填写即可。与新申请略有不同的是，需要填写具体的复审请求理由，附件清单的条目不同于新申请案的。

后续可能会走的程序包括复审请求的形式审查、前置审查、合议审查等，合议审查的形式有书面审查、口头审理和书面审查与口头审理相结合3种。复审的结果也有"视为撤回""维持驳回""撤销驳回继续审查""专利授权"等。

5.3.2 发明专利申请复审后的准备事项

上已述及，申请人提出复审请求后，专利复审委员会对复审请求做形式审查并通过后，会安排进入前置审查、合议审查程序。

前置审查程序主要是由原（初）审查部门实施推进，该环节无须申请人做配合工作。如果复审请求人陈述意见和提交的申请文件出现"修改本不足以使驳回决定被撤销、因而坚持驳回决定的情形"时，专利复审委员会则组成合议组进行复审。

合议组进行复审前，将通知复审请求人，要求其在指定期间（1个月）内针对通知书指出的缺陷进行书面答复。

如果复审请求人期满未做答复的，该复审请求被视为撤回。

如果复审请求人陈述意见或者进行修改后，合议组认为仍不符合专利法及其实施细则有关规定的，将做出维持原驳回决定的复审结定。

经合议审查后，如果合议组认为原驳回决定不符合《专利法》及《专利法实施细则》有关规定的，或者认为经过修改的专利申请文件消除了原驳回决定指出的缺陷的，将撤销原驳回决定，由原审查部门继续进行审查。

复审请求人在提出复审请求、答复复审通知书或者参加口头审理时，可以对原申请文件进行符合《专利法》第三十三条和《专利法实施细则》第六十一条第一款规定的修改，并提交符合规定的文本。为了证明自己的主张，复审请求人也可以提交涉及公知常识、公开不充分和证明审查员事实认定错误的证据。对于提交的相关证据，复审请求人需要说明证据来源、形式、形成时间、主要内容和证明目的等。

复审程序中需要复审请求人撰写的文件主要是意见陈述书，必要时还需要撰写和提交补强自己观点的"补强意见"，进一步对复审理由及申请文件的修改进行全面阐述。

阐述的着重点是驳回决定中对比文件公开的技术内容与本案权利要求中的某个（些）特征存在重合或者技术启示，对公知常识或惯用手段的认定有误。再者就是分析发出驳回决定所涉及的审查程序、事实认定和法律的适宜性。

如果复审请求人对陈述意见能否说服合议组的把握性不大，可以在意见陈述书中提出口头审理的请求，争取与合议组当面充分交换意见的机会。即使口头审理过程中感觉争辩难以取得成功，也可以按照合议组的意见进行及时修改，争取到对己方最有利的结果。

5.4 历经初审复审全流程的发明专利申请过程解析

本节以获得授权的发明专利——"一种化学合成或共沸精馏用连续油水分离及溶剂回用装置"为案例，从专利申请的一审、二审和复审过程，以及与审查部门交流沟通的文案为例，全流程简析专利申请过程，与读者分享。

5.4.1 发明专利申请全流程的交流文档节选

（1）发明请求书

由于是网上在线填写的，当时没有截屏留存下来。因此，此处只能空缺。

（2）权利要求书

权 利 要 求 书

1. 一种化学合成或共沸精馏用连续油水分离及回用装置,有收集室(1),与收集室(1)上部连通的弧形通道(2),其特征在于,收集室(1)下部与该弧形通道(2)下部通过水平溢流管(3)连通,所述收集室(1)上端与冷凝器(4)相连;所述收集室(1)内的中间部位设有漏斗形通道(5),该漏斗形通道(5)的下端出口的水平高度低于水平溢流管(3)的水平高度;所述水平溢流管(3)靠近弧形通道(2)下部的一端伸入弧形通道(2)内且该端外形为悬出下垂状。

2. 根据权利要求1所述的装置,其特征在于,所述收集室(1)下部设有容积刻度。

3. 根据权利要求1所述的装置,其特征在于,所述收集室(1)下端设有开关(6)。

4. 根据权利要求1所述的装置,其特征在于,所述的弧形通道(2)与反应器的接口中心线与垂直线的夹角A为0°～75°。

（3）说明书摘要

(54) 发明名称

一种化学合成或共沸精馏用连续油水分离及溶剂回用装置

(57) 摘要

本发明公开了一种化学合成或共沸精馏用连续油水分离及回用装置,属于化学反应工程及分离工程领域。本发明包括有收集室,与收集室上部连通的弧形通道,收集室下部与该弧形通道下部通过水平溢流管连通,所述收集室上端与冷凝器相连。本发明省去了初分溶剂与水分实行分离时的二次加热耗能,可减少溶剂的使用量和消耗量达30%,在反应进行过程中还可随时估算共沸带出的水分量,及时判断反应程度（或转化率）,提高了生产效率,节约了成本。

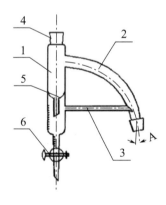

(4) 说明书

说　明　书

一种化学合成或共沸精馏用连续油水分离及溶剂回用装置

技术领域

[0001]　　本发明涉及一种化学合成或共沸精馏用连续油水分离及回用装置,属于化学反应工程及分离工程领域。

背景技术

[0002]　　在化学合成和聚合反应中,经常要使用到有机溶剂,一方面有机溶剂能使得反应物分散良好,并使反应保持在该体系的沸点上下恒温匀速进行；另一方面,对于反应过程中有水生成的体系,可以通过溶剂与水的共沸使水分及时从体系中排出,促进化学反应平衡朝着生成产物的方向移动,这对于加快反应进程,缩短反应时间,提高生产效率极为重要。

[0003]　　现有的操作简单的玻璃材质的油水分离器,外形如图2所示,包括收集室1和弧形通道2,该装置可通过溶剂与水的共沸连续蒸出,保证化学反应的持续进行,但不能实现除水溶剂的及时回加,更不能随时根据计量所蒸出水的量估算整个反应的进程(或转化率)。

发明内容

[0004]　　针对现有油水分离装置难以进行除水溶剂的及时回加的缺陷,本发明旨在提供一种化学合成或共沸精馏用连续油水分离及回用装置,该装置将反应溶剂的初步分离、计量和重复回用步骤同时完成,使用过程中无需额外的动力消耗,可减少溶剂的使用量和消耗量；还可将化学反应过程中生成的水通过蒸发、冷凝和分离,并通过反应中水的生成量估计整个反应进程,及时将生成水从反应体系中排出,从而达到缩短化学反应的工艺时间、降低热能消耗、简化工艺、节约成本的目的。

[0005]　　为实现上述目的,本发明所采用的技术方案是：一种化学合成或共沸精馏用连续油水分离及回用装置,有收集室,与收集室上部连通的弧形通道,其结构特点是,收集室下部与该弧形通道下部通过水平溢流管连通,所述收集室上端与冷凝器相连。

[0006]　　为了使油水经过冷凝器冷凝后通过该漏斗形通道进入收集室下部,所述收集室内中间部位设有漏斗形通道,且该漏斗形通道的下端出口的水平高度低于水平溢流管的水平高度,因此漏斗形通道的下端出口浸在液体内,保证了冷凝液滴落时不对收集室内的液面产生振荡,从而保持收集室内上部液面的稳定和"不含水"。

[0007]　　由反应器蒸出的油水气体经冷凝后得到的液体由该装置分成两部分。回加至反应器中的液体量与冷凝器冷凝得到的液体量之比叫回流率。水平溢流管靠近弧形通道的一端伸入弧形通道内且该端外形为悬挂下垂状,可保证溶剂溢流回加时呈液滴形式,便于读取回加速度,该液滴数与冷凝器下滴的液滴数之比,即为其粗略的"回流率",这对减少溶剂的使用量和消耗量有重要的参考意义。

[0008]　　所述收集室下部设有容积刻度,以便估算反应生成并蒸发收集到的水的体积,由此可以估计反应的进程。

[0009]　　所述收集室下端设有开关,优选为旋塞开关,当收集室内分离的水的液面达到一定高度后,通过打开旋塞可以间歇性地从体系中取出附产物水,由此推进反应平衡朝着生

成水的方向移动,因此可用较小的分离装置满足有较多水分生成的过程的需要,同时减少溶剂的使用量和消耗量。

[0010] 所述的弧形通道与之下端相接的反应器的接口中心线与垂直线的夹角A为0°～75°,从而保障本装置在与玻璃质三口(或四口)反应瓶连接使用时,其水平溢流管呈水平状态,其收集室呈垂直状态和其容积刻度的准确。本发明所述的装置与反应器及冷凝器的接口为标准磨口或普通接口,以方便和简化与它们的配套连接和密封。

[0011] 本发明的工作原理:当反应体系处于其沸点温度时,自体系汽化逸出的蒸汽经过本装置的弧形通道上升至与冷凝器接触,凝结成液体,滴落至旋塞上方的液体收集室,经过静置实现油水分层分离。当收集室内的液体液面高于水平溢流管时,上层"无水"溶剂经过水平溢流管以滴状的形式回流到反应体系中。该装置在化学反应过程中能够连续实行油(有机溶剂)-水分离,并及时将分离除水的溶剂回加到反应体系中。

[0012] 该装置将反应溶剂的初步分离、计量和重复回用步骤同时完成,使用过程中无需额外的动力消耗,可减少溶剂的使用量和消耗量,还可估计出水的生成量,节能环保,方便操作,无论是实验室规模的玻璃装置,还是工业规模的不锈钢(玻璃)装置都具有广泛的应用价值。

[0013] 与现有技术相比,本发明的有益效果是:1、将化学反应过程中生成的水通过蒸发、冷凝和分离,并及时将生成水从反应体系中排出,从而达到加快反应进程、缩短化学反应的工艺时间、降低热能消耗、简化工艺、提高生产效率的目的,并通过反应中水的生成量估计,能及时了解整个化学反应的进程(转化率)。

[0014] 2、将反应溶剂的初步分离、计量和重复回用步骤同时完成,使用过程中无需额外的动力消耗,可减少溶剂的使用量和消耗量可达30%,本装置结构简单,操作方便,节约了成本。

附图说明

[0015] 下面结合附图和实施例对本发明作进一步说明。

[0016] 图1是发明所述化学合成或共沸精馏用连续油水分离及回用装置的结构原理图。

[0017] 图2是现有玻璃材质油水分离器结构原理图。

[0018] 在图中

[0019] 1— 收集室　2— 弧形通道　3— 水平溢流管

[0020] 4— 冷凝器　5— 漏斗形通道　6— 开关

具体实施方式

[0021] 一种化学合成或共沸精馏用连续油水分离及回用装置,如图1所示,有收集室1,与收集室1上部连通的弧形通道2,其特征在于,收集室1下部与该弧形通道2下部通过水平溢流管3连通,所述收集室1上端与合适接口的冷凝器4相连。

[0022] 为了使油水蒸汽经过冷凝器4冷凝成液体后经过该漏斗形通道5进入收集室1下部而液面不产生振荡,收集室1内中间部位设有漏斗形通道5,且该漏斗形通道5的下端出口的水平高度低于水平溢流管3的水平高度,因此,当收集室的液体达到和超出水平溢流管3的水平高度时,漏斗形通道5的下端出口没于该液面下,保证了冷凝液滴落时不对收集

室1内的液面产生振荡,从而保持收集室1内上部液面的稳定和"不含水"。

[0023] 水平溢流管3靠近弧形通道2的一端伸入弧形通道2内且该端外形为悬出下垂状,保证溶剂溢流回加时呈液滴形式,便于读取回加速度,将该液滴数与冷凝器4下滴的液滴数相关联,即可估计其粗略的"回流率"。

[0024] 所述收集室1下部设有容积刻度,以便估算反应生成并蒸发收集到的水的体积,由此可以估计反应的进程。

[0025] 收集室下端的容积刻度可用来测量收集到的反应生成水的体积,本领域技术人员知道,在0摄氏度和1个标准大气压下1克分子水的体积是18毫升,但温度和压力不在0摄氏度和1个大气压时其数据则需要换算。对于给定的反应物投料,按化学反应计量比可以算出完全反应时应该生成的水分子的质量,而实际收集到水分子的质量与完全反应可以生成水分子的质量之比即为粗略的反应转化率,根据该转化率,便可知整个反应的进程。

[0026] 所述收集室1下端设有开关6,优选为旋塞开关,当收集室1内分离的水的液面达到一定高度后,通过打开旋塞开关可以间歇性地从体系中取出附产物水,由此推进反应平衡朝着生成水的方向移动,因此可用较小的分离装置满足有较多水分生成的过程的需要,同时减少溶剂的使用量和消耗量。

[0027] 所述的弧形通道2与之下端相接的反应器的接口中心线与垂直线的夹角A为0°～75°,从而保障本装置在与玻璃质三口(或四口)反应瓶连接使用时,其水平溢流管3呈水平状态,其收集室1呈垂直状态和其容积刻度的准确。本发明所述的装置与反应器及冷凝器4的接口为标准磨口或普通接口,该接口的内径为14mm～250mm,收集室和通道的内径为20mm～300mm,水平溢流管的内径为8mm～50mm,本装置的整体高、宽尺寸为200mm～2000mm。上述尺寸可以根据需要取不同的值的组合,以方便和简化与它们的配套连接和密封。

(5) 说明书附图

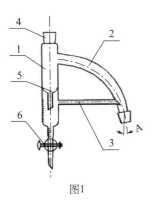

图1

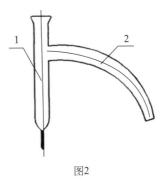

图2

（6）初步审查合格通知书

申请号或专利号：201010022074.7	发文序号：2010040200371890

申请人或专利权人：

发明创造名称：一种化学合成或共沸精馏用连续油水分离及溶剂回用装置

发明专利申请初步审查合格通知书

1. 上述专利申请，经初步审查，符合专利法实施细则第44条的规定。
2. 申请人于<u>2010</u>年<u>01</u>月<u>18</u>日提出提前公布声明，经审查，符合专利法实施细则第46条的规定，专利申请进入公布准备程序。
3. 申请人于<u>2010</u>年<u>01</u>月<u>18</u>日提出实质审查请求，经审查，符合专利法第35条及其实施细则第93条的规定，专利申请在公布之后将进入实质审查程序。
4. 初步审查合格的上述发明专利申请是以：
2010年1月18日提交的说明书的第1段至27段；
2010年1月18日提交的说明书附图的第1幅至2幅；
2010年1月18日提交的权利要求书的第1项至6项；
2010年1月18日提交的说明书摘要；
2010年1月18日提交的摘要附图为基础的。

审 查 员：刘树秀　　　　审查部门：初审及流程管理部

（7）申请公布及进入实质审查阶段通知书

申请号或专利号：201010022074.7	发文序号：2010071900389660

申请人或专利权人：

发明创造名称：一种化学合成或共沸精馏用连续油水分离及溶剂回用装置

发明专利申请公布及进入实质审查阶段通知书

上述专利申请，经初步审查，符合专利法实施细则第44条的规定。根据专利法第34条的规定，该申请在<u>26</u>卷<u>24</u>号专利公报上予以公布。

根据申请人提出的实质审查请求，经审查，符合专利法第35条及实施细则第96条的规定，该专利申请进入实质审查阶段。

注：附发明专利申请单行本一份。

提示：
　1. 根据专利法实施细则第51条第1款的规定，发明专利申请人自收到本通知书之日起3个月内，可以对发明专利申请主动提出修改。
　2. 申请文件修改格式要求：
　对权利要求修改的应当提交相应的权利要求书替换页，涉及权利要求引用关系时，则需要将相应权项一起替换补正。如果申请人需要删除部分权项，申请人应该提交整理后连续编号的部分权利要求书。
　对说明书修改的应当提交相应的说明书替换页，不得增加和删除段号，仅只能对有修改部分进行整段替换。如果要增加内容，则只能增加在某一段中；如果需要删除一个整段内容，应该保留该段号，并在此段号后注明："此段删除"字样。段号以国家知识产权局回传的或公布/授权公告的说明书段号为准。
　对说明书附图、摘要、摘要附图修改的应当提交相应的说明书附图、摘要、摘要附图替换页。
　同时，申请人应当在补正书或意见陈述书中标明修改涉及的权项，段号、页。

审 查 员：刘燕　　　　审查部门：专利局初审及流程管理部

（8）第一次审查意见通知书

发明创造名称：一种化学合成或共沸精馏用连续油水分离及溶剂回用装置

第 一 次 审 查 意 见 通 知 书

1. ☒应申请人提出的实质审查请求，根据专利法第35条第1款的规定，国家知识产权局对上述发明专利申请进行实质审查。

   □根据专利法第35条第2款的规定，国家知识产权局决定自行对上述发明专利申请进行审查。

2. □申请人要求以其在:

   □申请人已经提交了经原受理机构证明的第一次提出的在先申请文件的副本。
   □申请人尚未提交经原受理机构证明的第一次提出的在先申请文件的副本，根据专利法第30条的规定视为未要求优先权要求。

3. □经审查，申请人于____提交的修改文件，不符合专利法实施细则第51条第1款的规定，不予接受。

4. 审查针对的申请文件：
   ☒原始申请文件。□分案申请递交日提交的文件。□下列申请文件：

5. □本通知书是在未进行检索的情况下作出的。
   ☒本通知书是在进行了检索的情况下作出的。
   ☒本通知书引用下列对比文件(其编号在今后的审查过程中继续沿用)：

编号	文 件 号 或 名 称	公开日期 (或抵触申请的申请日)
1	CN 201208517Y	20090318
2	CN 1833775A	20060920

6. 审查的结论性意见：
   关于说明书：
   □申请的内容属于专利法第5条规定的不授予专利权的范围。
   □说明书不符合专利法第26条第3款的规定。
   □说明书不符合专利法第33条的规定。

中华人民共和国国家知识产权局

☐说明书的撰写不符合专利法实施细则第17条的规定。
☐____

关于权利要求书：
☐权利要求____不符合专利法第2条第2款的规定。
☐权利要求____不符合专利法第9条第1款的规定。
☐权利要求____不具备专利法第22条第2款规定的新颖性。
☒权利要求<u>1-5</u>不具备专利法第22条第3款规定的创造性。
☐权利要求____不具备专利法第22条第4款规定的实用性。
☐权利要求____属于专利法第25条规定的不授予专利权的范围。
☐权利要求____不符合专利法第26条第4款的规定。
☐权利要求____不符合专利法第31条第1款的规定。
☐权利要求____不符合专利法第33条的规定。
☐权利要求____不符合专利法实施细则第19条的规定。
☐权利要求____不符合专利法实施细则第20条的规定。
☐权利要求____不符合专利法实施细则第21条的规定。
☐权利要求____不符合专利法实施细则第22条的规定。
☐____
☐申请不符合专利法第26条第5款或者实施细则第26条的规定。
☐申请不符合专利法第20条第1款的规定。
☐分案申请不符合专利法实施细则第43条第1款的规定。
上述结论性意见的具体分析见本通知书的正文部分。

7. 基于上述结论性意见，审查员认为：
☐申请人应当按照通知书正文部分提出的要求，对申请文件进行修改。
☐申请人应当在意见陈述书中论述其专利申请可以被授予专利权的理由，并对通知书正文部分中指出的不符合规定之处进行修改，否则将不能授予专利权。
☐专利申请中没有可以被授予专利权的实质性内容，如果申请人没有陈述理由或者陈述理由不充分，其申请将被驳回。
☐____

8. 申请人应注意下列事项：
(1) 根据专利法第37条的规定，申请人应在收到本通知之日起的4个月内陈述意见，如果申请人无正当理由逾期不答复，其申请将被视为撤回。
(2) 申请人对其申请的修改应当符合专利法第33条的规定，不得超出原说明书和权利要求书记载的范围，同时申请人对专利申请文件进行的修改应当符合专利法实施细则第51条第3款的规定，按照本通知书的要求进行修改。
(3) 申请人的意见陈述书和/或修改文本应邮寄或递交国家知识产权局专利局受理处，凡未邮寄或递交给受理处的文件不具备法律效力。
(4) 未经预约，申请人和/或代理人不得前来国家知识产权局专利局与审查员举行会晤。

9. 本通知书正文部分共有<u>1</u>页，并附有下述附件：
☐引用的对比文件的复印件共____份____页。
☐____

中华人民共和国国家知识产权局

第一次审查意见通知书

申请号：2010100220747

本申请涉及一种油水分离及回用装置。经审查，现提出如下的审查意见。

权利要求1要求保护一种油水分离及回用装置，对比文件1（CN 201208517Y）公开了一种提取器（即油水分离回用装置），并具体公开了其具有油水分离器4（即收集室），与油水分离器上部相连的蒸气收集管2（即通道）。油水分离器的下部通过水循环回流管5（即溢流管）与蒸气收集管相连，油水分离器的上端连有冷凝管（即冷凝器）（参见说明书第3页第5行至第21行，图1）。权利要求1与对比文件1的区别在于：弧形通道和水平的溢流管，其解决的技术问题是收集蒸气和回收水。而采用弧形管道连接不同的部件是本领域的惯用技术手段，同时，采用水平的溢流管以便于回收水也是本领域的惯用技术手段。由此可见，在对比文件1的基础上，本领域技术人员很容易想到结合本领域的惯用技术手段得到权利要求1要求保护的技术方案。因此，权利要求1对本领域技术人员来说是显而易见的，不具有突出的实质性特点和显著的进步，不具备专利法第22条第3款规定的创造性。

权利要求2、3、5、6分别对权利要求1做了进一步限定。而对比文件1已公开了其油水分离器中间部位具有漏斗形通道，其下端出口位于水循环回流管5的下方（即水平高度低于溢流管的水平高度），其油水分离器下端具有阀门6（即开关）（参见图1）；同时将管道的一端伸入通道并将其外端设置为悬出下垂状以利于液体流出是本领域的惯用技术手段（例如生活中将输水管的一段深入水池以便水流能够全部流入水池）；在采用弧形通道时，为了达到更好的连接效果，本领域技术人员通过有限次的常规实验即可得到接口中心线与垂直线的夹角为0°～75°的范围，这一过程不需要付出创造性劳动。因此，在其引用的权利要求不具备创造性的情形下，权利要求2、3、5、6对本领域技术人员来说是显而易见的，不具有突出的实质性特点和显著的进步，不具备专利法第22条第3款规定的创造性。

权利要求4对权利要求1做了进一步限定。而对比文件2（CN 1833775A）公开了一种挥发油测定提取器，并具体公开了其具有蒸汽收集管，该蒸汽收集管下部具有刻度（即容积刻度）（参见说明书第2页第15行至页末，图1）。其所起作用同样是测量容积，即对比文件2给出了采用刻度测量容积的启示。因此，在其引用的权利要求不具备创造性的情形下，权利要求4对本领域技术人员来说是显而易见的，不具有突出的实质性特点和显著的进步，不具备专利法第22条第3款规定的创造性。

基于上述理由，本申请的独立权利要求以及从属权利要求都不具备创造性，同时说明书中也没有记载其他任何可以被授予专利权的实质性内容，因而即使申请人对权利要求进行重新组合和/或根据说明书记载的内容作进一步的限定，本申请也不具备被授予专利权的前景。如果申请人不能在本通知书规定的答复期限内提出表明本申请具有创造性的充分理由，本申请将被驳回。

（9）一审答复及对原申请文档的小修改部分

感谢审查员对本申请 CN201010022074.7 的审查，申请人认真研读了您于 2011 年 5 月 3 日针对本申请发出的第一次审查意见通知书，并对申请文件进行了修改，具体陈述意见如下：

一、修改说明

1、将权利要求 1 和 2 合并作为新的权利要求 1；（以后称权利要求 1）

2、权利要求 3，4，5，6 分别引用新的权利要求 1 而作为新的权利要求 2，3，4，5。（以后分别称权利要求 2，3，4，5）

二、关于创造性

新权利要求 1 相对对比文件 1 具有创造性。

对比文件 1 公开本申请的技术特征最多可作为本申请的最接近现有技术。

新权利要求 1 相对于对比文件 1 的区别技术特征是：弧形通道、水平溢流管、位于收集室 1 内的中间部位的漏斗形通道 5、漏斗形通道 5 的下端出口的水平高度低于水平溢流管 3 的水平高度。

申请人认同审查员关于弧形通道和水平溢流管为本领域常规技术手段的认定，但不能接受对比文件 1 所述的漏斗形通道等同于本申请的漏斗形通道 5 的观点，从对比文件 1 的图 1 中可以明显看出，其具有一个漏斗形通道，其功能和作用相当于本申请所述收集室 1 最下端的带开关 6 的漏斗形部分，即图中的收集室下部通道，其作用仅仅是释放分层后下层的液体，本申请是释放集水区内的水。

以下结合本申请图 1 对漏斗形通道 5 的功能进行阐述，为了描述方便，图中对部分部件进行了说明。

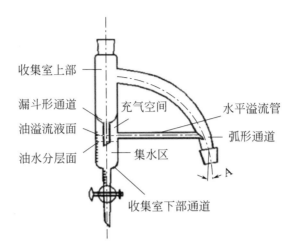

所述漏斗形通道 5 的下端出口的水平高度低于水平溢流管 3 的水平高度，一方面可以保证油水从漏斗形通道 5 进入收集室 1 下部时，漏斗形通道 5 的下端出口位于油溢流液面之下，防止溅起液花，以便充分静置，而使得水分不溢出，不回流，只有溶剂从水平溢流管 3 中回流，不设置漏斗形通道 5，则待分离的油水从收集室上部滴下，落在油溢流液面上，溅起液花，油水分层面被打乱，且部分水会随油一同从水平溢流管流出，致使油的收集回用失败，另一方面待分离液体从收集室 1 上部通过漏斗形通道 5 进入收集室 1 下部，在收集室 1 下部与漏斗形通道 5 的弧形底端之间会始终滞留部分空气，即滞留在图中的充气空间内，这将防止油溢流液面高于水平溢流管 3 的水平高度时，弧形通道 2 下部流出液体而造成虹吸效应，将收集室 1 内下部分层后集水区内的液体吸出，而从弧形通道 2 下部流出，导致收集回用失败。由此看见，对比文件 1 并没有给出在收集室 1 内设置漏斗形通道 5 的技术启示，且在收集室 1 内设置漏

斗形通道 5 防止虹吸现象并非本领域惯用的技术手段，因此本申请相对对比文件 1 是非显而易见的，具有突出的实质性特点，而且，通过在收集室 1 内设置漏斗形通道 5 防止了虹吸现象的发生，保证了油水分离的顺利完成，具有显著的进步，权利要求 1 具备专利法二十二条第三款所述的创造性。

在权利要求 1 具备创造性的前提下，对其作进一步改进的从属权利要求也具备创造性。

退一步讲，新权利要求 2 相对对比文件 1 具有创造性。

权利要求 2 中"水平溢流管 3 靠近弧形通道 2 下部的一端伸入弧形通道 2 内且该端外形为悬出下垂状"，其作用并非审查员所述的让油液流干净，其设置目的如说明书所述，是为了保证溶剂溢流回加时呈液滴形式进入弧形通道 2 内，便于读取回加速度，该液滴数与冷凝器下滴的液滴数之比，即为其粗略的"回流率"，这对减少溶剂的使用量和消耗量有重要的参考意义。显然设置该端外形为悬出下垂状并非本领域惯用的技术手段，是非显而易见的，具有突出的实质性特点，而且，通过设置该端外形为悬出下垂状，读出回流滴数，即可粗略地估算回流率，具有显著的进步，因此权利要求 2 具备专利法二十二条第三款所述的创造性。

上述修改都没有超出原权利要求书和说明书的范围，符合专利法第三十三条规定，且上述修改是依照审查员指出的缺陷进行的，符合专利法实施细则第五十三条第一款的规定。

申请人认为上述修改已克服了审查意见通知书中指出的本申请不符合专利法二十二条第三款规定的缺陷，请审查员在上述修改文件基础上继续本申请的审查，并早日授予本申请专利权；若还有不符合专利法及其实施细则之处，望审查员能再次指出。

权 利 要 求 书

1、一种化学合成或共沸精馏用连续油水分离及回用装置,有收集室(1),与收集室(1)上部连通的弧形通道(2),其特征在于,收集室(1)下部与该弧形通道(2)下部通过水平溢流管(3)连通,所述收集室(1)上端与冷凝器(4)相连。

2、~~根据权利要求1所述的装置,其特征在于,~~所述收集室(1)内的中间部位设有漏斗形通道(5),该漏斗形通道(5)的下端出口的水平高度低于水平溢流管(3)的水平高度。

~~3~~2、根据权利要求1所述的装置,其特征在于,水平溢流管(3)靠近弧形通道(2)下部的一端伸入弧形通道(2)内且该端外形为悬出下垂状。

~~4~~3、根据权利要求1所述的装置,其特征在于,所述收集室(1)下部设有容积刻度。

~~5~~4、根据权利要求1所述的装置,其特征在于,所述收集室(1)下端设有开关(6)。

~~6~~5、根据权利要求1所述的装置,其特征在于,所述的弧形通道(2)与反应器的接口中心线与垂直线的夹角A为0°~75°。

摘 要 附 图

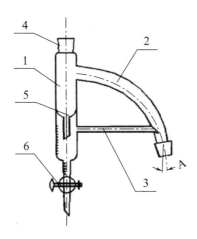

（10）二审驳回决定

发明创造名称：一种化学合成或共沸精馏用连续油水分离及溶剂回用装置

驳 回 决 定

1. 根据专利法第38条及其实施细则第53条的规定，决定驳回上述专利申请，驳回的依据是：
    □申请不符合专利法第2条第2款的规定。
    □申请属于专利法第5条或者第25条规定的不授予专利权的范围。
    □申请不符合专利法第9条第1款的规定。
    □申请不符合专利法第20条第1款的规定。
    ☒申请不符合专利法第22条的规定。
    □申请不符合专利法第26条第3款或者第4款的规定。
    □申请不符合专利法第26条第6款或者实施细则第26条的规定。
    □申请不符合专利法第31条第1款的规定。
    □申请的修改不符合专利法第33条的规定。
    □申请不符合专利法实施细则第20条第2款的规定。
    □分案申请不符合专利法实施细则第43条第1款的规定。

2. ☒＿＿＿
    详细的驳回理由见驳回决定正文部分(共3页)。

3. 本驳回决定是针对下列申请文件作出的：
    □原始申请文件。□分案申请递交日提交的文件。☒下列申请文件：
    申请日提交的说明书摘要、摘要附图、说明书附图、说明书第1-27段；
    2011年5月19日提交的权利要求第1-5项。

4. 根据专利法第41条及实施细则第60条的规定，申请人对本驳回决定不服的，可以在收到本决定之日起3个月内向专利复审委员会请求复审。

第5章 申请文件的补正及审查意见的回复

中华人民共和国国家知识产权局

驳回决定

申请号:2010100220747

案由

申请人于2010年1月18日向国家知识产权局提交了申请号为201010022074.7、发明名称为"一种化学合成或共沸精馏用连续油水分离及溶剂回用装置"的发明专利申请,申请日提交的权利要求书包括1项独立权利要求和5项从属权利要求;并于申请日提出了实质审查请求。

应申请人提出的实质审查请求,审查员对本申请进行了实质审查,并于2011年5月3日发出了第一次审查意见通知书。通知书中引用了以下对比文件:

1. CN 201208517Y   2009-03-18;
2. CN 1833775A   2006-09-20

并在通知书中指出,权利要求1-6不具备专利法第22条第3款规定的创造性。针对上述审查意见通知书,申请人于2011年5月19日提交了意见陈述书和修改的申请文件,并陈述了新修改的权利要求1-5具有创造性的理由。

其中独立权利要求1如下:

"1.一种化学合成或共沸精馏用连续油水分离及回用装置,有收集室(1),与收集室(1)上部连通的弧形通道(2),其特征在于,收集室(1)下部与该弧形通道(2)下部通过水平溢流管(3)连通,所述收集室(1)上端与冷凝器(4)相连;所述收集室(1)内的中间部位设有漏斗形通道(5),该漏斗形通道(5)的下端出口的水平高度低于水平溢流管(3)的水平高度。"

该权利要求1与其原始权利要求2的保护范围实质相同。

在上述工作的基础上,审查员认为本案事实已经清楚,针对该案申请日提交的说明书摘要、摘要附图、说明书附图、说明书第1-27段;2011年5月19日提交的权利要求第1-5项作出本驳回决定。

驳回的理由

权利要求1要求保护一种油水分离及回用装置。对比文件1(CN 201208517Y)公开了一种提取器(即油水分离回用装置),并具体公开了其具有油水分离器4(即收集室),与油水分离器上部相连的蒸气收集管2(即通道)。油水分离器的下部通过水循环回流管5(即溢流管)与蒸气收集管相连,油水分离器上端具有冷凝管(即冷凝器),油水分离器中间部位具有漏斗形通道,其下端出口位于水循环回流管的下方,(即水的高度低于溢流管的水平高度)。其油水分离器下端具有阀门6(即开关)(参见说明书第2页第8行至第21行,图1)。权利要求1与对比文件1相比,权利要求1主题中"化学合成或共沸精馏用"这一用语限定仅是对用途或受用方式的描述,没有给产品本身带来与对比文件1的区别,因此,权利要求1与对比文件1的区别在于:弧形通道和

中华人民共和国国家知识产权局

水平的溢流管，其解决的技术问题是收集蒸气和回收水。而采用弧形管道连接不同的部件是本领域的惯用技术手段，同时，采用水平的溢流管以便于回收水也是本领域的惯用技术手段。由此可见，在对比文件1的基础上，本领域技术人员很容易想到结合本领域的惯用技术手段得到权利要求1要求保护的技术方案。因此，权利要求1对本领域技术人员来说是显而易见的，不具有突出的实质性特点和显著的进步，不具备专利法第22条第3款规定的创造性。

权利要求2、4、5分别对权利要求1做了进一步限定，而对比文件1已公开了其油水分离器中间部位具有漏斗形通道，其下端出口位于水循环回流管5的下方（即水平高度低于溢流管的水平高度）。其油水分离器下端具有阀门6（即开关）（参见图1）；同时将管道的一端伸入通道并将其外端设置为悬出下垂状以利于液体流出是本领域的惯用技术手段（例如生活中将输水管的一段深入水池以便水流能够全部流入水池）；在采用弧形通道时，为了达到更好的连接效果，本领域技术人员通过有限次的常规实验即可得到接口中心线与垂直线的夹角为0°～25°的范围。这一过程不需要付出创造性劳动。因此，在其引用的权利要求不具备创造性的情形下，权利要求2、4、5对本领域技术人员来说是显而易见的，不具有突出的实质性特点和显著的进步，不具备专利法第22条第3款规定的创造性。

权利要求3对权利要求1做了进一步限定。而对比文件2(CN 1833775A)公开了一种挥发油测定提取器，并具体公开了其具有蒸汽收集管，该蒸汽收集管下部具有刻度（即容积刻度）（参见说明书第2页第16行至页末，图1）。其所起作用同样是测量容积，即对比文件2给出了采用刻度测量容积的启示，因此，在其引用的权利要求不具备创造性的情形下，权利要求3对本领域技术人员来说是显而易见的。不具有突出的实质性特点和显著的进步，不具备专利法第22条第3款规定的创造性。

申请人在意见陈述书中陈述了权利要求具有创造性的理由，而申请人的理由并不成立。申请人认为权利要求1中所述的"漏斗形通道"与对比文件1中的漏斗形通道并不等同，然而在权利要求1中并没有对与该漏斗形通道的进一步限定。而仅通过字面意思理解，两处的漏斗形通道并没有任何不同。申请人认为伸入弧形通道并具有悬出下垂状端部的水平溢流管是保证溶剂溢流回加时呈液滴形式进入弧形通道内，然而，其该溢流管的结构同样具有利于液体流出的作用，这一结构是日常生活中常见的结构，在为了解决利于液体流出这一技术问题的情形下，本领域技术人员很容易想到采用这种结构，这不需要付出创造性劳动。因此，申请人的意见陈述不具有说服力。

决定

综上所述，申请号为201010022074.7号的发明专利申请不符合专利法第22条第3款有关创造性的规定，属于专利法实施细则第53条第（二）项的情况，因此根据中国专利法第38条对该申请作出驳回决定，根据专利法第41条第1款的规定，申请人如果对本驳回决定不服，应当在收到本驳回决定之日起三个月内向专利复审委员会请求复审。

（11）复审请求书

尊敬的复审委员会：

　　根据《中华人民共和国专利法》第四十一条第一款、《中华人民共和国专利法实施细则》第六十条第一款的规定，对国家知识产权局于 2011 年 6 月 29 日发出的对下述专利申请的驳回决定不服，请求复审。专利申请号▇▇▇▇▇▇▇▇▇，▇▇▇▇▇▇▇▇▇▇发明创造名称为一种化学合成或共沸精馏用连续油水分离及溶剂回用装置。

　　申请人认真研读了国家知识产权局 2011 年 6 月 29 日针对本申请发出的驳回决定，并对申请文件进行了修改，具体陈述意见如下：

　　一、修改说明

　　1、将权利要求 1 和 2 合并作为新的权利要求 1；(以下称权利要求 1)

　　2、权利要求 3,4,5 分别引用新的权利要求 1 而作为新的权利要求 2,3,4。(以下分别称权利要求 2,3,4)

　　二、关于创造性

　　权利要求 1 相对对比文件 1 具备创造性。

　　对比文件 1 公开本申请的技术特征最多，可作为本申请的最接近现有技术。

　　权利要求 1 相对于对比文件 1 的区别技术特征是：弧形通道、水平溢流管、位于收集室 1 内的中间部位的漏斗形通道 5、漏斗形通道 5 的下端出口的水平高度低于水平溢流管 3 的水平高度、所述水平溢流管 3 靠近弧形通道 2 下部的一端伸入弧形通道 2 内且该端外形为悬出下垂状。

　　以下结合本申请图 1 对漏斗形通道 5 的功能进行阐述，为了描述方便，图中对部分部件进行了说明。

　　申请人不同意审查员所述的对比文件 1 所述的漏斗形通道等同于本申请的漏斗形通道 5 的观点，从对比文件 1 的图 1 中可以明显看出，其油水分离器 4 的中部具有一个漏斗形通道，其形状、功能和作用和本申请的漏斗形通道 5 完全不等同。

　　首先，对比文件 1 的漏斗形通道是油水分离器 4 的一段，而本申请的漏斗形通道 5 设置在收集室 1 内的中间部位，提请注意，漏斗形通道 5 是在收集室 1 内，而非收集室 1 的一段，与对比文件 1 不同，对比文件 1 没有给出在收集室 1 内设置漏斗形通道 5 的技术启示，而且该技术特征也非现有技术，因此，权利要求 1 具备非显而易见性。

　　其次，本申请的漏斗形通道 5 的下端出口的水平高度低于水平溢流管 3 的水平高度，而对比文件 1 中的漏斗形通道的下端出口显然在水循环回流管之上，对比文件 1 没有给出漏斗形通道 5 的下端出口的水平高度低于水平溢流管 3 的水平高度的技术启示，而且该技术特征也非现有技术，因此，权利要求 1 具备非显而易见性。

上述两点区别给本申请带来的有益效果也是非常明显的，是对比文件 1 无法比拟的。由于本申请的漏斗形通道 5 设置在收集室 1 内，所述漏斗形通道 5 的下端出口的水平高度低于水平溢流管 3 的水平高度，该设计一方面可以保证油水从漏斗形通道 5 进入收集室 1 下部时，漏斗形通道 5 的下端出口位于油溢流液面之下，防止溅起液花，以便充分静置，而使得水分不溢出，不回流，只有溶剂（静置后溶剂位于水的上层）从水平溢流管 3 中回流，避免了如对比文件 1 所述的漏斗形通道带来的激荡，对比文件 1 中待分离的油水从收集室上部滴下，落在油溢流液面上，由于从冷凝管到油溢流液面有一段距离，肯定会溅起液花，从而使得油水分层面被打乱，部分水会随溶剂一同从水循环回流管中流出，致使油的收集回用失败；另一方面，本申请的待分离液体从收集室 1 上部通过漏斗形通道 5 进入收集室 1 下部，在收集室 1 的油溢流液面与漏斗形通道 5 的弧形底端之间会始终滞留部分空气，即滞留在图中的充气空间内，这将防止油溢流液面高于水平溢流管 3 的水平高度时，弧形通道 2 下部流出液体而造成虹吸效应，将收集室 1 内下部分层后集水区内的液体吸出，而从弧形通道 2 下部流出，导致收集回用失败。本领域技术人员熟知，虹吸的发生条件有两点，第一是流通管的进液口和出液口存在高度差，即液位差，另一方面，流通管内被液体充满。本申请采用水平溢流管，因此水平溢流管的两端不存在液位差，另外，由于在收集室 1 的油溢流液面与漏斗形通道 5 的弧形底端之间会始终滞留部分空气，弧形通道 2 上部也存在空气，因此，水平溢流管两端的压强相等，而且因为水平溢流管是水平布置的，因此，液体可以不充满水平溢流管，彻底避免了虹吸现象；而对比文件 1 的水循环回流管的两端明显存在高度差，且带收集液体集中在油水分离器 4 的下部，即水循环回流管内充满液体，一旦打开排放阀 6，蒸馏器 1 内的液体由于虹吸现象，非常容易被直接吸入到油水分离器 4 内（要想不发生虹吸现象，对比文件 1 必须依靠非常熟练的工作人员，控制排放阀的排放量），导致收集回用失败。对比文件 1 没有给出任何避免了虹吸现象的技术启示，本申请具备突出的实质性特点，并且本申请避免了虹吸现象，保证待分离液体从水平溢流管平稳地流入弧形通道 2 下部，保证反应向正方向进行，本申请相对对比文件 1 具有显著的进步，因此权利要求 1 与对比文件 1 相比具备创造性。

另外，在水平溢流管 3 靠近弧形通道 2 下部的一端伸入弧形通道 2 内且该端外形为悬出下垂状，并非审查员所述的本领域惯用手段，其作用也并非如审查员所述为了将溶剂排干净，其设置目的如说明书所述，是为了保证溶剂溢流回加时呈液滴形式进入弧形通道 2 内，便于读取回加速度，该液滴数与冷凝器下滴的液滴数之比，即为其粗略的 "回流率"，这对减少溶剂的使用量和消耗量有重要的参考意义。本领域技术人员熟知，一般液体 20 滴的体积约 1ml，本申请通过测量收集室 1 内的液体体积，然后通过水平溢流管 3 的悬出部分读出回流滴数，即可粗略地估算回流率，了解反应进程，通过悬出下垂状，显然设置该端外形为悬出下垂状并非本领域惯用的技术手段,是非显而易见的,具有突出的实质性特点,而且,通过设置该端外形为悬出下垂状,具有显著的进步。

综上所述,基于对比文件 1 没有给出漏斗形通道 5 位于收集室 1 内的中间部位,且漏斗形通道 5 的下端出口的水平高度低于水平溢流管 3 的水平高度、所述水平溢流管 3 靠近弧形通道 2 下部的一端伸入弧形通道 2 内且该端外形为悬出下垂状的技术启示,而这些区别技术特征也并非公知常识,权利要求 1 相对对比文件 1 具有突出的实质性特点,而且,避免了虹吸现象,防止液面激荡而造成油水分离失败,并可粗略计算回流比,了解反应进程,具有显著的进步,因此,权利要求 1 相对对比文件 1 和公知常识而言具备创造性,符合专利法二十二条第三款的规定。

在权利要求 1 具备创造性的基础上,权利要求 2～4 亦具备创造性。

以上详细论述了复审请求人请求复审的理由和事实。请求人相信,通过上面的修改和陈述,已经克服了驳回决定所指出的不符合专利法二十二条第三款规定的缺陷,肯定复审委员会在充分考虑上述意见的基础上撤销国家知识产权局针对此案的驳回决定,使本案得以继续审查并授予专利权。如果复审委员会对本复审请求书中陈述的事实和理由有任何意见或建议,请联系█████████并请求进行口头审理为盼。

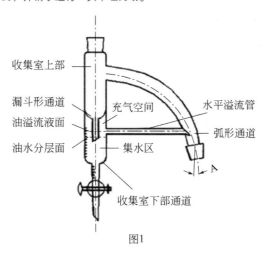

图1

（12）复审请求受理（立项）通知书

申请号或专利号：201010022074.7	发文序号：2012021400246670
案件编号：1F123278	
发明创造名称：一种化学合成或共沸精馏用连续油水分离及溶剂回用装置	
复审请求人：	

复审请求受理通知书

复审请求人：

　　2011年09月30日复审请求人就上述专利申请提出的复审请求。经形式审查符合专利法及其实施细则和审查指南的有关规定，准予受理。

　　根据专利法实施细则第64条的规定，复审请求人在专利复审委员会作出决定前，可以撤回其复审请求。复审请求人在专利复审委员会作出决定前撤回其复审请求的，复审程序终止。

注：陈述意见时请注明案件编号及专利申请号。

审　查　员：段立彦

（13）复审请求口头审理通知书

申请号或专利号：201010022074.7	发文序号：2012100900874420
案件编号：1F123278	
发明创造名称：一种化学合成或共沸精馏用连续油水分离及溶剂回用装置	
复审请求人：	

复审请求口头审理通知书

复审请求人：

1. 本案合议组定于2012年10月22日上午9时30分，在湖北省武汉市江汉区发展大道164号武汉市科技大厦12楼对上述专利申请的复审请求进行口头审理。
2. 复审请求人应当在收到本通知书之日起7日内向专利复审委员会提交口头审理通知书回执，并在回执中明确表示是否参加口头审理；逾期未提交回执的，视为不参加口头审理。回执中应当有当事人的签名或者盖章。
3. 复审请求人不能在指定日期参加口头审理的，可由其委托的专利代理人或者其他人代表出庭。
4. 口头审理通知书中已经告知该专利申请不符合专利法及其实施细则有关规定的具体事实、理由和证据的，复审请求人可以选择参加口头审理进行口头答辩或者在收到本通知书之日起1个月内进行书面意见陈述。如果复审请求人既未出席口头审理，也未在指定的期限内进行书面意见陈述，其复审请求视为撤回。
5. 参加口头审理的人必须持有个人身份证明，被委托人还应当有复审请求人的委托书。参加口头审理的人员总数不得超过4人。
6. 口头审理涉及的主要问题是：
复审请求的相关事宜。
另外复审请求人如对口审地址有疑问请联系武汉市知识产权局联系人荣伯轩　电话　65692322

附：□正文＿＿＿页　　　　　　　有关事项见附页。

(14)复审程序授权委托书

复审程序授权委托书

专利申请号	CN201010022074.7	案件编号	
发明创造名称	一种化学合成或共沸精馏用连续油水分离及溶剂回用装置		
复审请求人			

委托人：
  姓名或名称 ▁▁▁▁　　　电话 ▁▁▁▁
  通信地址　湖南省长沙市麓山南路2#　邮编　410082

被委托人：
  专利代理机构名称 ▁▁▁▁　　代码　（本专利第一发明人）
  代理人 ▁▁▁▁　　　电话 ▁▁▁▁
  代理人 ▁▁▁▁　　　电话 ▁▁▁▁
  通信地址　湖南省长沙市麓山南路2#　邮编　410082

  现委托上列被委托人指定的代理人在上述专利申请的复审程序中为我方代理人，其委托权限仅限于办理复审程序有关事务。
  其中：
  代理人 ▁▁▁▁　　代理权限为：一般代理（口头复审答辩）

5.4.2　复审过程简析

  上述是由笔者参与申请的发明专利《一种化学合成或共沸精馏用连续油水分离及溶剂回用装置》时的全部文档及内容，以及与审查部门交流沟通的全部文案的原文节选，涵盖了申请过程中的初审、二审（驳回）、复审，直至获得授权的全流程的各个环节。

  纵观上述文案原文，不难看出，所有申请文件的编写格式、遣词造句、段落安排和分布、图表制作等各个环节，都是遵从本书各章节内容执行的。

  针对审查员各次审查意见的答复及进行的陈述申辩，也是遵从审查员的审查意见，逐条从专利技术的"新颖性""创造性""公开充分""显而易见""常规技术手段""现有公知常识的启示"等几项展开，既不自主扩大范围，也不能漏掉审查意见中提及的质疑条款。

  口头复审答辩时，申请人采取的策略是，带上"回用装置"实物，在台上当面给复审组成员演示其集液、分水、上层"纯"溶剂回加复用的动作原理；通过计算同一时间段内收集室上部所接收到的冷凝器下口滴落的液体滴数和水平溢流管下垂嘴处滴落的液体滴数，可以求得"精馏回流比"；计量收集的液体分层后集水区的累计水量，可以粗估计算有副产物——水生成的化学反应的平衡转化率数据；这些效果是对比文件不能达到的，同样也是化学化工领域技术人员不清楚或者不能预计到的，也不是已经公开的现有技术能够给予启示的。技术方案并不是借助"常规技术手段"的简单替换、组合或者转用形成的，由此产生的技术效果具有突出的实质性特点和显著的进步。也就是紧扣权利要求书中的"保护客体"，基于说明书中对技术方案的细致论述，着眼于不可预见的技术效果，有理有据有节进行陈述，"咬定青山不放松"，坚定能够获得授权的信念不动摇，朝着最有利的结果努力，"三千越甲可吞吴，百二秦关终属楚"。

附录

专利费用交缴标准（2020年版）

费用种类	简称	发明专利	减缴比例 85%	减缴比例 70%	实用新型	减缴比例 85%	减缴比例 70%	外观设计	减缴比例 85%	减缴比例 70%
申请费	申	900	135	270	500	75	150	500	75	150
公布印刷费	公布	50	不予减缴		—	—	—	—	—	—
实质审查费	审	2500	375	750	—	—	—	—	—	—
年费（每年）第1~3年	年	900	135	270	600（第1~3年）	90	180	600（第1~3年）	90	180
第4~6年		1200	180	360	900（第4~5年）	135	270	900（第4~5年）	135	270
第7~9年		2000	300	600	1200（第6~8年）	180	360	1200（第6~8年）	180	360
第10~12年		4000	600	1200	2000（第9~10年）	300	600	2000（第9~10年）	300	600
第13~15年		6000	900	1800	—	—	—	—	—	—
第16~20年		8000	1200	2400	—	—	—	—	—	—
印花税	印	5	不予减缴		5			5		

续表

费用种类		简称	发明专利	减缴比例		实用新型	外观设计	减缴比例	
				85%	70%			85%	70%
说明书附加费（含附图,每页）	从第31页起	说附	50			50	—		
	从第31页起		100			100	—		
权利要求附加费（从第11项起每项）		权附	150	不予减缴		150	—		
优先权要求费（每项）		优	80			80	—		
复审费		复	1000	150	300	300	300	45	90
发明人/申请人/专利权人变更费		变	200	不予减缴		200	200	不予减缴	
恢复权利请求费		恢	1000	不予减缴		1000	1000	不予减缴	
无效宣告请求费		无效	3000	不予减缴		1500	1500	不予减缴	
延长期间请求费（每月）	首次	延	300	不予减缴		300	300	不予减缴	
	再次		2000			2000	2000		
专利文件副本证明费		副证	30	不予减缴		30	30	不予减缴	
专利权评价报告请求费		评价	—	—		2400	2400	—	

发明专利技术交底书参考模板（主要内容）

我国专利法规定：①发明专利必须是一个技术方案，应该阐述发明目的是通过什么技术方案来实现的，不能只有原理，也不能只做功能介绍；②专利必须充分公开，以本领域技术人员不需付出创造性劳动即可实现为准。一份完整的技术交底书应该包含以下内容：

一、名称

简明、清楚地反映请求专利保护的发明创造主题，应采用通用的技术术语，不得使用商业性、宣传性用语（如商品名、广告词等），一般不超过25个字。

二、所属技术领域

指明本发明创造所属的或直接涉及、应用的具体技术领域。

三、背景技术（或称现有技术，已有技术）

引证与本发明创造最接近的背景技术，客观地分析其存在的问题及原因（应针对本发明创造能够解决的问题而言）。

四、目的

正面、简洁地描述本发明创造所要解决的主要技术问题。

五、技术内容（或称技术解决方案）

描述本发明创造在解决技术问题时所采取的整体技术方案。技术方案必须包括产品组分、产品制备过程及原理的说明。必须清楚、完整地描述其全部的必要技术特征，使发明创造的技术内容充分公开（以使本领域的技术人员无需进行创造性劳动即能实现为准）。例如：对于方法发明，应给出详细的步骤或过程以及工艺条件（如温度、压力、时间等）；对于产品发明，①若是装置、仪器等，应给出产品结构，即各组成部分的名称、形状、相互位置及连接关系等；②若是化学组合物、混合物等，应给出产品配方，即各组分的名称、含量、相互关系等；③若是化合物、微生物等，应给出产品性质，即名称、分子式或结构式、序列表、物理或化学特性等。

如果技术方案中含有与背景技术有关的技术特征，应指明哪些技术特征是本发明特有的区别特征、哪些技术特征是背景技术中已有的共用特征。

化工、生物、医药类的产品发明专利需要提供各产品的组成成分及各自配比，并提供该产品具体的制备或使用的步骤。（配比最好为范围值。如果配比含量为百分比时必须满足：其中一个组分的上限值+其余组分的下限值≤100%；其中一个组分的下限值+其余组分的上限值≥100%；并至少给出3种具体配比。）

化工、生物、医药类产品的制备或使用方法专利，需要提供其制备或使用的具体步骤，如有相关参数要求的，需要结合该参数进行说明（相关参数为范围值的，请给出至少3种不同参数下的具体实施过程）。

六、优点和有益效果

与背景技术中存在的问题相比较，客观地描述本发明创造的特有技术特征所具有的优点和有益效果（应分析其形成原因，并且最好有具体数据予以支持，不得使用宣传性用语）。

七、附图及其说明

给出有助于理解本发明创造的各种图表（例如：工艺流程图、产品装配图或零件图、电路图、光路图、物理或化学特性图、参数选择表、性能比较表等），并说明各图表的名称或含义。

一般情况下，附图应按照工程制图的要求进行绘制（可以是示意图，但各部件之间的大小比例应协调）；特殊情况下，可采用照片（如细胞或金相组织的显微照片）。附图中一般不标注尺寸，尽量不使用文字，各部件的标号应采用阿拉伯数字编写（不同的部件不能采用同样的标号，同一个部件在不同的附图中必须采用相同的标号）。

八、实施方式举例

详细描述实现本发明创造的具体实施方式（有附图的应对照附图进行解释，但附图不能代替文字说明）。

在实施例中，不仅要对技术解决方案中所涉及的各技术特征进行具体描述，还要对有助于理解本发明创造的相关内容进行具体描述（例如：产品的制备过程及设备、原料来源、成型状态、适用范围、使用方法等；方法的实施设备、适用范围等）。

实施例的数量对限定本发明创造技术方案的保护范围起到决定性的作用。若希望得到较宽的保护范围，应给出多个实施例（例如：部件结构可以为多种形式的，应给出多个替换物的名称、结构及其替换方式；组分含量为区域性的，至少应给出该区域的两个端点附近及区域内某点的含量与其他组分构成的具体配方）。

对于多个实施例的详细的实验或测验数据，可以以列表的方式对实验或测验的环境与过程进行说明，对实验或测验结果进行客观评价。结合其具体的试验数据或图片对其有益效果进行相关说明。

九、对包含"核苷酸"或"氨基酸"技术的特殊要求

涉及核苷酸或氨基酸的申请，应当将其序列表作为说明书的一个单独部分，并单独编写页码。申请人应当在申请的同时提交与该序列表相一致的光盘或软盘，该光盘或软盘应符合国家知识产权局的有关规定。

十、附图

需要插入的附图应当使用规定格式的表格绘制。

1.附图应当尽量竖向绘制在图纸上，彼此明显分开。当零件横向尺寸明显大于竖向尺寸，必须水平布置时，应当将附图的顶部置于图纸的左边，一

页图纸上有两幅以上的附图,且有一幅已经水平布置时,该页上其他附图也应当水平布置。

2.一幅图无法绘在一张纸上时,可以绘在几张图纸上;但应当另外绘制一幅缩小比例的整图,并在此整图上标明各分图的位置。

3.附图总数在两幅以上的,应当使用阿拉伯数字顺序编号(此编号与图的编页无关),并在编号前冠以"图"字,例如图1、图2。该编号应当标注在相应附图的正下方。只有一幅图时不必编号。

4.应当使用包括计算机在内的制图工具和黑色墨水绘制,线条应当均匀清晰、足够深,不得着色和涂改,不得使用工程蓝图。

5.剖视图应当标明剖视的方向和被剖视的图的布置。剖面线间的距离应当与剖视图的尺寸相适应,不得影响图面整洁(包括附图标记和标记引出线)。

6.附图的大小及清晰度,应当保证在该图缩小到三分之二时仍能清晰地分辨出图中各个细节,以能够满足复印、扫描的要求为准。图中各部分应当按比例绘制。摘要附图应当使用包括计算机在内的制图工具和黑色墨水绘制,线条应当均匀清晰。摘要附图的大小及清晰度应当保证在该图缩小到$4cm \times 6cm$时,仍能清楚地分辨出图中的各个细节。最能说明发明的化学式可以选作摘要附图。

7.除一些必不可少的词语外,例如:"水""蒸气""开""关""$A—A$剖面",图中不得有其他的文字注释。附图里的标记应当使用阿拉伯数字编号,表示同一组成部分的附图标记应当一致,但并不要求每一幅图中的附图标记连续,说明书文字部分中未提及的附图标记不得在附图中出现。

参考文献

[1] 郭珊.论我国的专利法律法规体系[J].今日湖北，2011（9）：75.

[2] 国家知识产权局专利局自动化部.专利申请在线业务办理平台实用指南[M].北京：知识产权出版社，2017.

[3] 国家知识产权局专利局初审及流程管理部.专利电子申请使用指南（第2版）[M].北京：知识产权出版社，2017.

[4] 张清奎.化学领域发明专利申请的文件撰写与审查[M].北京：知识产权出版社，2010.

[5] 仇蕾安，蒲志凤.化学专利实务指南[M].北京：北京理工大学出版社，2015.

[6] 黄敏.发明专利申请文件的审查与撰写要点[M].北京：知识产权出版社，2015.

[7] 沙柯.化学领域发明专利申请审查意见答复策略及典型案例解析[M].北京：科学技术文献出版社，2018.

[8] 哈尔滨市松花江专利商标事务所.无授权前景发明专利申请的答复技巧[M].北京：知识产权出版社，2015.

[9] 蔡文克.中国化学领域专利申请文件撰写存在的问题及应对策略[J].燃料化学学报，38（6）：758-760.

[10] 吕艳玲.化工领域专利说明书公开充分与实验数据[J].化工管理，2017（9）：17-18.

[11] 吕艳玲.化学领域专利申请文件撰写之实验数据[J].广州化工，2016，44（16）：28-29,43.

[12] 陈凌.化学领域专利申请文件的撰写方法[J].广州化工，2017，45（02）：28-29,82.

[13] CN201010022074.7.